立体化服务，从入门到精通

Python
Web开发案例教程
——使用 Flask、Tornado、Django

慕课版

南淑萍 王莉丽 王秀友 ◎ 主编　凌启东 林金珠 ◎ 副主编
明日科技 ◎ **策划**

人民邮电出版社
北京

图书在版编目（CIP）数据

Python Web开发案例教程：慕课版：使用Flask、Tornado、Django / 南淑萍，王莉丽，王秀友主编. -- 北京：人民邮电出版社，2020.6（2022.8重印）
ISBN 978-7-115-52085-2

Ⅰ. ①P… Ⅱ. ①南… ②王… ③王… Ⅲ. ①软件工具-程序设计 Ⅳ. ①TP311.561

中国版本图书馆CIP数据核字(2019)第210130号

内 容 提 要

本书作为 Python Web 开发的案例教程，不仅介绍了进行 Python Web 开发涉及的前端常用知识，以及 3 个流行的 Web 开发框架，而且介绍了 Web 开发中的 6 个流行项目。全书分 8 章，内容包括 Web 开发基础、Python 常用 Web 框架、基于 Flask 的在线学习笔记、基于 Flask 的甜橙音乐网、基于 Flask 的 51 商城、基于 Flask 的 e 起去旅行、基于 Tornado 的 BBS 问答社区和基于 Django 的智慧校园考试系统。全书以案例引导，每个案例都提供了相关的技术准备知识讲解，有助于学生在理解知识的基础上，更好地运用知识，达到学以致用的目的。

本书是慕课版教材，各章都配备了以二维码为载体的微课，并且在人邮学院（www.rymooc.com）平台上提供了配套慕课。此外，本书还提供所有实例、案例项目的源代码，制作精良的电子课件PPT，自测题库等内容。其中，源代码全部经过精心测试，能够在谷歌浏览器下运行。

本书可作为应用型本科计算机类专业、软件工程专业和高职软件及相关专业的教材，同时也适合 Python Web 开发爱好者和初、中级的 Python Web 开发人员参考使用。

◆ 主　　编　南淑萍　王莉丽　王秀友
　　副 主 编　凌启东　林金珠
　　责任编辑　李　召
　　责任印制　王　郁　陈　犇

◆ 人民邮电出版社出版发行　北京市丰台区成寿寺路 11 号
　　邮编　100164　电子邮件　315@ptpress.com.cn
　　网址　https://www.ptpress.com.cn
　　固安县铭成印刷有限公司印刷

◆ 开本：787×1092　1/16
　　印张：16.5　　　　　　　　　2020 年 6 月第 1 版
　　字数：455 千字　　　　　　　2022 年 8 月河北第 5 次印刷

定价：59.80 元

读者服务热线：(010)81055256　印装质量热线：(010)81055316
反盗版热线：(010)81055315
广告经营许可证：京东市监广登字 20170147 号

前言
Foreword

为了让读者能够快速且牢固地掌握 Python Web 开发技术,人民邮电出版社充分发挥在线教育方面的技术优势、内容优势、人才优势,为读者提供一种"纸质图书+在线课程"相配套,全方位学习 Python Web 开发的解决方案。读者可根据个人需求,利用图书和"人邮学院"平台上的在线课程进行系统化、移动化的学习,以便快速全面地掌握 Python Web 开发技术。

一、如何学习慕课版课程

本课程依托人民邮电出版社自主开发的在线教育慕课平台——人邮学院(www.rymooc.com),该平台为学习者提供优质、海量的课程,课程结构严谨,用户可以根据自身的学习程度,自主安排学习进度,并且平台具有完备的在线"学习、笔记、讨论、测验"功能。人邮学院为每一位学习者,提供完善的一站式学习服务(见图1)。

图1 人邮学院首页

为了使读者更好地完成慕课的学习,现将本课程的使用方法介绍如下。

1. 用户购买本书后,找到粘贴在书封底上的刮刮卡,刮开,获得激活码(见图2)。
2. 登录人邮学院网站(www.rymooc.com),或扫描封面上的二维码,使用手机号码完成网站注册(见图3)。

图2 激活码

图3 注册人邮学院网站

3. 注册完成后，返回网站首页，单击页面右上角的"学习卡"选项（见图4），进入"学习卡"页面（见图5），输入激活码，即可获得该慕课课程的学习权限。

图4　单击"学习卡"选项

图5　在"学习卡"页面输入激活码

4. 获得该课程的学习权限后，读者可随时随地使用计算机、平板电脑、手机学习本课程的任意章节，根据自身情况自主安排学习进度（见图6）。

5. 在学习慕课课程的同时，阅读本书中相关章节的内容，巩固所学知识。本书既可与慕课课程配合使用，也可单独使用，书中主要章节均放置了二维码，用户扫描二维码即可在手机上观看相应章节的视频讲解。

6. 学完一章内容后，可通过精心设计的在线测试题，查看知识掌握程度（见图7）。

图6　课时列表

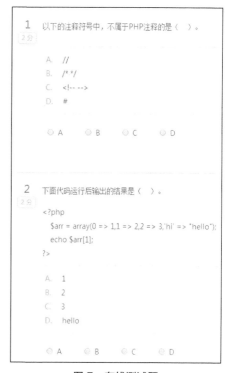

图7　在线测试题

7. 如果对所学内容有疑问，还可到讨论区提问，除了有大牛导师答疑解惑以外，同学之间也可互相交流学习心得（见图8）。

8. 书中配套的PPT、源代码等教学资源，用户可在该课程的首页找到相应的下载链接（见图9）。

图 8　讨论区　　　　　　　　　　　　　图 9　配套资源

关于人邮学院平台使用的任何疑问，可登录人邮学院咨询在线客服，或致电：010-81055236。

二、本书特点

自 2003 年以来，Python 一直在十大编程语言学习排行榜中名列前茅。Alpha Go 战胜李世石后，Python 的排名突飞猛进。由于 Python 具备简单、灵活、健壮、易用、兼容、快速和通用的特点，所以 Python 已经成为 Web 开发阵营中的重要组成部分。越来越多的公司使用 Python 进行 Web 开发，如国外的 YouTube 和 Reddit 以及国内的豆瓣和知乎等。

在当前的教育体系下，实例教学是计算机语言教学最有效的方法之一。本书将 Python Web 知识和实例有机结合起来：一方面，跟踪 Python Web 的发展，适应市场需求，精心选择内容，突出重点、强调实用，使知识讲解全面、系统；另一方面，将知识融入案例，每个案例都有相关的知识讲解，部分知识点还有用法示例，既有利于学生学习知识，又有利于教师指导学生实践。

本书作为教材使用时，知识讲解建议 20~25 学时，案例讲解建议 40~45 学时。各章主要内容和学时建议分配如下，教师可以根据实际教学情况调整。

章	主 要 内 容	课堂学时	实验学时
第 1 章	Web 开发基础，知识点包括 Web 简介、Web 应用程序的工作原理和 Web 前端开发基础	1~2	
第 2 章	Python 常用 Web 框架，知识点包括 Web 框架简介和 Python 中常用的 Web 框架	1~2	
	Flask 框架的使用，知识点包括安装虚拟环境、安装 Flask、创建 Flask 程序和 Flask 框架的基础知识	2~3	1~2
	Django 框架的使用，知识点包括安装 Django Web 框架、创建 Django 项目和 Django 框架的基础知识	2	2~4
	Tornado 框架的使用，知识点包括安装 Tornado 框架、创建 Tornado 项目和 Tornado 框架的基础知识	2	2~4
第 3 章	基于 Flask 的在线学习笔记项目，知识点包括 Bootstrap 前端框架、PyMySQL 操作数据库、WTForms 验证表单、CKEditor 富文本编辑器等	2~3	4
第 4 章	基于 Flask 的甜橙音乐网项目，知识点包括 jPlayer 播放音乐、Flask 蓝图、Ajax 异步技术等	2~3	4
第 5 章	基于 Flask 的 51 商城项目，知识点包括 Flask-SQLAlchemy 联合查询、Flask-Migrate 数据迁移、JavaScript 增减商品数量等	2	5
第 6 章	基于 Flask 的 e 起去旅行项目，知识点包括 Flask-Script 实现命令行解析器、CKEditor 编辑器上传图片等	2	6

续表

章	主 要 内 容	课堂学时	实验学时
第7章	基于Tornado的BBS问答社区项目，知识点包括Redis数据库、回复消息长轮询等	2	8
第8章	基于Django的智慧校园考试系统项目，知识点包括文件上传、读取Excel数据存入数据库等	2	8

由于编者水平有限，书中难免存在不足之处，敬请广大读者批评指正。

编者

2020年3月

目录 Contents

第 1 章　Web 开发基础　1

- 1.1　Web 概述　2
  - 1.1.1　什么是 Web　2
  - 1.1.2　Web 应用程序的工作原理　2
  - 1.1.3　Web 的发展历程　2
- 1.2　Web 前端开发基础　4
  - 1.2.1　HTML　4
  - 1.2.2　CSS　10
  - 1.2.3　JavaScript　12
- 小结　14
- 上机指导　15
- 习题　17

第 2 章　Python 常用 Web 框架　18

- 2.1　Python 常用 Web 框架概述　19
  - 2.1.1　什么是 Web 框架　19
  - 2.1.2　Python 中常用的 Web 框架　19
- 2.2　Flask 框架的使用　19
  - 2.2.1　安装虚拟环境　20
  - 2.2.2　安装 Flask　21
  - 2.2.3　编写第一个 Flask 程序　23
  - 2.2.4　开启调试模式　24
  - 2.2.5　路由　24
  - 2.2.6　模板　27
- 2.3　Django 框架的使用　31
  - 2.3.1　安装 Django Web 框架　31
  - 2.3.2　创建一个 Django 项目　31
  - 2.3.3　创建一个 App　34
  - 2.3.4　数据模型　35
  - 2.3.5　管理后台　41
  - 2.3.6　路由　42
  - 2.3.7　表单　44
  - 2.3.8　视图　45
  - 2.3.9　Django 模板　47
- 2.4　Tornado 框架的使用　48
  - 2.4.1　安装 Tornado　48
  - 2.4.2　编写第一个 Tornado 程序　49
  - 2.4.3　路由　50
  - 2.4.4　HTTP 方法　51
  - 2.4.5　模板　52
- 小结　53
- 习题　53

第 3 章　案例 1：基于 Flask 的在线学习笔记　54

- 3.1　需求分析　55
- 3.2　系统设计　55
  - 3.2.1　系统功能结构　55
  - 3.2.2　系统业务流程　55
  - 3.2.3　系统预览　56
- 3.3　系统开发必备　57
  - 3.3.1　开发工具准备　57
  - 3.3.2　文件夹组织结构　57
  - 3.3.3　项目使用说明　58
- 3.4　技术准备　58
  - 3.4.1　PyMySQL 模块　58
  - 3.4.2　WTForms 模块　59
- 3.5　数据库设计　61
  - 3.5.1　数据库概要说明　61
  - 3.5.2　创建数据表　61
  - 3.5.3　数据库操作类　62
- 3.6　用户模块设计　64
  - 3.6.1　实现用户注册功能　64
  - 3.6.2　实现用户登录功能　66
  - 3.6.3　实现退出登录功能　70
  - 3.6.4　实现用户权限管理功能　70

3.7	笔记模块设计	72
3.7.1	实现笔记列表功能	72
3.7.2	实现添加笔记功能	73
3.7.3	实现编辑笔记功能	75
3.7.4	实现删除笔记功能	75
小结		76
习题		76

第4章 案例2：基于 Flask 的甜橙音乐网　　77

4.1	需求分析	78
4.2	系统设计	78
4.2.1	系统功能结构	78
4.2.2	系统业务流程	78
4.2.3	系统预览	79
4.3	系统开发必备	80
4.3.1	系统开发环境	80
4.3.2	文件夹组织结构	80
4.4	技术准备	81
4.4.1	jPlayer 插件	81
4.4.2	Flask 蓝图	82
4.5	数据库设计	84
4.5.1	数据库概要说明	84
4.5.2	数据表模型	84
4.6	网站首页模块的设计	85
4.6.1	首页模块概述	85
4.6.2	实现热门歌手列表功能	85
4.6.3	实现热门歌曲功能	87
4.6.4	实现音乐播放功能	89
4.7	排行榜模块的设计	90
4.7.1	排行榜模块概述	90
4.7.2	实现歌曲排行榜功能	91
4.7.3	实现播放歌曲功能	93
4.8	曲风模块的设计	94
4.8.1	曲风模块概述	94
4.8.2	实现曲风模块数据的获取	95
4.8.3	实现曲风模块页面的渲染	95
4.8.4	实现曲风列表的分页功能	97
4.9	发现音乐模块的设计	98
4.9.1	发现音乐模块概述	98
4.9.2	实现发现音乐的搜索功能	99
4.9.3	实现发现音乐模块页面的渲染	99
4.10	歌手模块的设计	101
4.10.1	歌手模块概述	101
4.10.2	实现歌手列表功能	101
4.10.3	实现歌手详情功能	102
4.11	我的音乐模块的设计	103
4.11.1	我的音乐模块概述	103
4.11.2	实现收藏歌曲的功能	104
4.11.3	实现我的音乐功能	106
小结		108
习题		108

第5章 案例3：基于 Flask 的51商城　　109

5.1	需求分析	110
5.2	系统设计	110
5.2.1	系统功能结构	110
5.2.2	系统业务流程	111
5.2.3	系统预览	111
5.3	系统开发必备	114
5.3.1	系统开发环境	114
5.3.2	文件夹组织结构	114
5.4	技术准备	115
5.4.1	Flask-SQLAlchemy 扩展	115
5.4.2	Flask-Migrate 扩展	117
5.5	数据库设计	119
5.5.1	数据库概要说明	119
5.5.2	创建数据表	120
5.5.3	数据表关系	123
5.6	会员注册模块设计	123
5.6.1	会员注册模块概述	123
5.6.2	会员注册页面	124
5.6.3	验证并保存注册信息	129
5.7	会员登录模块设计	130
5.7.1	会员登录模块概述	130
5.7.2	创建会员登录页面	131
5.7.3	保存会员登录状态	133
5.7.4	会员退出功能	134
5.8	首页模块设计	134

5.8.1	首页模块概述	134
5.8.2	实现显示最新上架商品功能	134
5.8.3	实现显示打折商品功能	137
5.8.4	实现显示热门商品功能	139
5.9	购物车模块设计	140
5.9.1	购物车模块概述	140
5.9.2	实现显示商品详细信息功能	141
5.9.3	实现添加购物车功能	142
5.9.4	实现查看购物车功能	144
5.9.5	实现保存订单功能	144
5.9.6	实现查看订单功能	145
小结		146
习题		146

第6章 案例4：基于Flask的e起去旅行　147

6.1	需求分析	148
6.2	系统设计	148
6.2.1	系统功能结构	148
6.2.2	系统业务流程	149
6.2.3	系统预览	149
6.3	系统开发必备	153
6.3.1	系统开发环境	153
6.3.2	文件夹组织结构	153
6.4	技术准备	154
6.4.1	Flask-Script扩展	154
6.4.2	定义并运行命令	154
6.4.3	默认命令	157
6.5	数据库设计	159
6.5.1	数据库概要说明	159
6.5.2	创建数据表	159
6.5.3	数据表关系	160
6.6	前台用户模块设计	161
6.6.1	实现会员注册功能	161
6.6.2	实现会员登录功能	167
6.6.3	实现会员退出功能	168
6.7	前台首页模块设计	169
6.7.1	实现推荐景区功能	170
6.7.2	实现推荐地区功能	171
6.7.3	实现搜索景区功能	173

6.8	景区模块设计	175
6.8.1	实现查看景区功能	175
6.8.2	实现查看游记功能	178
6.8.3	实现收藏景区功能	179
6.8.4	实现查看收藏景区功能	179
6.9	后台模块设计	180
6.9.1	实现管理员登录功能	180
6.9.2	实现景区管理功能	181
6.9.3	实现地区管理功能	188
6.9.4	实现游记管理功能	188
6.9.5	实现会员管理功能	189
6.9.6	实现日志管理功能	189
小结		190
习题		190

第7章 案例5：基于Tornado的BBS问答社区　191

7.1	需求分析	192
7.2	系统设计	192
7.2.1	系统功能结构	192
7.2.2	系统业务流程	192
7.2.3	系统预览	192
7.3	系统开发必备	195
7.3.1	系统开发环境	195
7.3.2	文件夹组织结构	195
7.4	技术准备	196
7.4.1	Redis数据库	196
7.4.2	短轮询和长轮询	197
7.5	数据库设计	198
7.5.1	数据库概要说明	198
7.5.2	数据表关系	198
7.6	用户系统设计	199
7.6.1	实现用户注册功能	199
7.6.2	实现登录功能	203
7.6.3	实现用户注销功能	204
7.7	问题模块设计	205
7.7.1	实现问题列表功能	205
7.7.2	实现问题详情功能	206
7.7.3	实现创建问题功能	208
7.8	答案长轮询设计	210

| 小结 | 212 |
| 习题 | 212 |

第 8 章 案例 6：基于 Django 的智慧校园考试系统　213

8.1 需求分析	214
8.2 系统设计	214
8.2.1 系统功能结构	214
8.2.2 系统业务流程	214
8.2.3 系统预览	214
8.3 系统开发必备	216
8.3.1 系统开发环境	216
8.3.2 文件夹组织结构	216
8.4 技术准备	217
8.4.1 文件上传	217
8.4.2 使用 xlrd 读取 Excel	218
8.5 数据库设计	219
8.5.1 数据库概要说明	219
8.5.2 数据表模型	221
8.6 用户登录模块设计	223
8.6.1 用户登录模块概述	223
8.6.2 使用 Django 默认授权机制实现普通登录	223
8.6.3 实现机构注册功能	231
8.7 核心答题功能的设计	236
8.7.1 答题首页设计	236
8.7.2 考试详情页面	239
8.7.3 实现答题功能	242
8.7.4 提交答案	246
8.7.5 批量录入题库	248
小结	254
习题	254

第1章

Web开发基础

从 1990 年圣诞节伯纳斯-李制作的第一个网页浏览器 World Wide Web 到现在，在短短的几十年间，Web 技术突飞猛进，已经并且正在深刻地改变着我们的生活。本章将介绍什么是 Web、Web 的工作原理以及发展历史等内容。此外，由于 Web 开发通常分为 Web 前端和 Web 后端，本书虽然重点介绍 Python 语言作为 Web 开发的后端语言，但是读者还需要对 Web 前端知识有一定的了解。所以，本章又着重介绍了 Web 前端开发的基础知识，包括 HTML、CSS 和 JavaScript。

本章要点

- 了解什么是Web
- 掌握Web应用程序的工作原理
- 了解Web的发展历程
- 创建HTML文件
- 掌握HTML表单元素
- 掌握HTML嵌入CSS的3种方式
- 掌握JavaScript的基本使用

1.1 Web 概述

1.1.1 什么是 Web

什么是 Web

Web（World Wide Web），亦作 WWW，中文译为万维网。万维网是一个通过互联网访问的，由许多互相链接的超文本组成的系统。英国科学家蒂姆·伯纳斯-李于 1989 年发明了万维网。1990 年他在瑞士 CERN（欧洲核子研究组织）的工作期间编写了第一个网页浏览器。网页浏览器于 1991 年在 CERN 向外界发表，1991 年 1 月开始发展到其他研究机构，1991 年 8 月在互联网上向公众开放。

万维网是信息时代发展的核心，也是数十亿人在互联网上进行交互的主要工具。网页主要是文本文件格式化和超文本标记语言（Hyper Text Markup Language，HTML）。除了格式化文字之外，网页还可能包含图片、影片、声音和软件组件，这些组件会在用户的网页浏览器中呈现为多媒体内容的连贯页面。

 互联网和万维网这两个词通常没有多少区别。但是，两者并不相同。互联网是一个全球互相连接的计算机网络系统。相比之下，万维网是透过超链接和统一资源标志符连接的全球收集的文件和其他资源。万维网资源通常使用 HTTP 访问，这是许多互联网通信协议的其中之一。

1.1.2 Web 应用程序的工作原理

要进入万维网上的一个网页，或者其他网络资源时，通常需在浏览器中键入你想访问网页的统一资源定位符（Uniform Resource Locator，URL），或者通过超链接方式链接到那个网页或网络资源。随后，URL 的服务器名部分被名为域名系统的分布于全球的 Internet（因特网）的数据库解析，并根据解析结果决定进入哪一个 IP 地址（IP Address）。

Web 应用程序的工作原理

接下来的步骤就是根据所要访问网页的 IP 地址向服务器发送一个 HTTP 请求。通常情况下，HTML 文本、图片和构成该网页的一切其他文件很快会被逐一发送给用户。

网络浏览器接下来的工作是把 HTML、CSS（层叠样式表）和其他接收到的文件所描述的内容，加上图像、链接和其他必需的资源，显示给用户。这些就构成了所看到的"网页"。

大多数的网页自身包含超链接，指向其他相关网页，可能还包含其他网络资源。像这样通过超链接，把有用的相关资源组织在一起的集合，就形成了一个所谓的信息的"网"。这个网在 Internet 上被方便的使用，就构成了最早在 20 世纪 90 年代初，蒂姆·伯纳斯-李所说的万维网。

1.1.3 Web 的发展历程

1. 静态页面：HTML

1991 年 8 月 6 日，伯纳斯-李在 alt.hypertext 新闻组贴出了一份关于 World Wide Web 的简单摘要，标志了 Web 页面在 Internet 上的首次登场。其后，随着浏览器的普及和 W3C 的推动，Web 上可以访问的资源逐渐丰富起来。这个时候，Web 的主要功能就是浏览器向服务器请求静态 HTML 信息。Web 静态页面的工作原理如图 1-1 所示。

Web 的发展历程

2. 动态内容的出现：CGI

最初在浏览器中主要展现的是静态的文本或图像信息，不过人们已经不仅仅满足于访问放在 Web 服务器上的静态文件，1993 年通用网关接口（Common Gateway Interface，CGI）出现了，Web 上的动态信息服务开始蓬勃兴起。

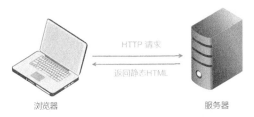

图 1-1　Web 静态页面工作原理

CGI 定义了 Web 服务器与外部应用程序之间的通信接口标准，因此 Web 服务器可以通过 CGI 执行外部程序，让外部程序根据 Web 请求内容生成动态的内容。CGI 是一段程序，运行在服务器上，可以用任何支持标准输入输出和环境变量的语言编写，如 Shell 脚本、C/C++ 语言等，只要符合接口标准即可。

Web 服务器将请求发送给 CGI 应用程序，再将 CGI 应用程序动态生成的 HTML 页面发送回客户端。CGI 在 Web 服务器和应用之间充当了交互作用，这样才能够处理用户数据，生成并返回最终的动态 HTML 页面。CGI 的工作方式如图 1-2 所示。

图 1-2　CGI 的工作方式

3. Web 编程脚本语言：PHP/ASP/JSP

尽管 Web 上提供动态功能了，比如实现网站的登录和注册、表单的处理，等等，CGI 对每个请求都会启动一个进程来处理，因此性能上的扩展性不高。另外，想象一下用 Perl 和 C 语言程序去输出一大堆复杂的 HTML 字符串，可读性和维护性是个大问题。为了处理更复杂的应用，一种方法是把 HTML 返回中固定的部分存起来（称之为模板），把动态的部分标记出来，Web 请求处理时，程序先把部分动态的内容嵌入模板中执行，最终再返回完整的 HTML。

于是 1994 年，PHP 诞生了。PHP 可以把程序（动态内容）嵌入 HTML（模板）中执行，这不仅能更好地组织 Web 应用的内容，而且执行效率比 CGI 还高。之后 1996 年出现的 ASP 和 1998 年出现的 JSP 本质上也都可以看成是一种支持某种脚本语言编程（分别是 VB 和 Java）的模板引擎。1996 年 W3C 发布了 CSS1.0 规范。CSS 允许开发者用外联的样式表来取代难以维护的内嵌样式，而不需要逐个修改 HTML 元素，这让 HTML 页面更加容易创建和维护。此时，有了这些脚本语言，搭配上后端的数据库技术，Web 开发技术突飞猛进。Web 已经从一个静态资源分享媒介真正变为了一个分布式的计算平台了。

Web 脚本语言工作原理如图 1-3 所示。

图 1-3　Web 脚本语言工作原理

4. Web 框架的出现：MVC、ORM

虽然脚本语言大大提高了应用开发效率，但是试想一个复杂的大型 Web 应用，访问各种功能的 URL 地址纷繁复杂，涉及的 Web 页面多种多样，同时还管理着大量的后台数据，因此需要在架构层面上解决维护性和扩展性等问题。这时，MVC（Model View Controller，模型—视图—控制器）的概念被引入 Web 开发中。

MVC 早在 1978 年就作为 Smalltalk 的一种设计模式被提出来了，应用到 Web 应用上，模型（Model）用于封装与业务逻辑相关的数据和数据处理方法，视图（View）是数据的 HTML 展现，控制器（Controller）负责响应请求，协调 Model 和 View。Model、View 和 Controller 的分开，是一种典型的关注点分离的思想，不仅使得代码复用性和组织性更好，还使得 Web 应用的配置性和灵活性更好。常见的 MVC 模式如图 1-4 所示。

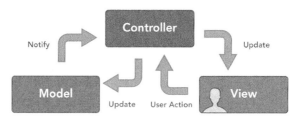

图 1-4　MVC 模式示意图

此外，数据访问也逐渐通过面向对象的方式来替代直接的 SQL 访问，出现了对象关系映射（Object Relation Mapping，ORM）的概念。更多的全栈框架开始出现，比如 2003 年出现的 Java 开发框架 Spring，同时更多的动态语言也被加入 Web 编程语言的阵营中，2004 年出现的 Ruby 开发框架 Rails、2005 出现的 Python 开发框架 Django，都提供了全栈开发框架，或者自身提供 Web 开发的各种组件，或者可以方便地集成各种组件。

Web 框架的应用如图 1-5 所示。

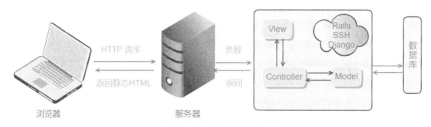

图 1-5　Web 框架的应用

1.2　Web 前端开发基础

Web 开发通常分为前端（Front-End）和后端（Back-End）。"前端"是与用户直接交互的部分，包括 Web 页面的结构、Web 的外观视觉表现以及 Web 层面的交互实现。"后端"更多的是与数据库进行交互以处理相应的业务逻辑。需要考虑的是如何实现功能、数据的存取、平台的稳定性与性能等。

后端的编程语言包括 Python、Java、PHP、ASP.NET 等，而前端的编程语言主要包括 HTML、CSS 和 JavaScript。

1.2.1　HTML

超文本标记语言（Hyper Text Markup Language，HTML）用来描述网页的一种

HTML

语言，它不是一种编程语言，而是一种标记语言。标记语言是一套标签，这种标签通常被称为 HTML 标签，它们是由尖括号包围的关键词，比如 <html>。HTML 标签通常是成对出现的，比如 <h1> 和 </h1>。标签对中的第一个标签是开始标签，第二个标签是结束标签。Web 浏览器的作用是读取 HTML 文档，并以网页的形式显示它们。浏览器不会显示 HTML 标签，而是使用标签来解释页面的内容，如图 1-6 所示。

图 1-6　显示页面内容

在图 1-6 中，左侧是 HTML 代码，右侧是显示的页面内容。在 HTML 代码中，第一行的<!DOCTYPE html>表示使用的是 HTML5（最新 HTML 版本），其余的标签基本都是成对出现的，并且在右侧的页面中只显示标签里的内容，不显示标签。

1. 创建 HTML 页面

下面将介绍如何使用 Pycharm 开发工具创建第一个 HTML 页面。

【例 1-1】　使用 PyCharm 创建一个 index.html 文件。使用<h1>标签和<p>标签展示明日学院的基本信息。（实例位置：资源包\Code\Chapter1\1-1）

具体实现步骤如下。

（1）打开 Pycharm，创建 1-1 文件夹。选中该文件，单击鼠标右键，选择"NEW"→"HTML File"，弹出 New HTML File 对话框，在对话框的 Name 栏中输入文件名称"index"，最后单击"OK"按钮。

（2）创建完成后，Pycharm 默认生成了基本的 HTML5 代码结构。在<body>和</body>标签内编写 HTML 代码，具体代码如下。

```html
<!DOCTYPE html>
<html lang="en">
<head>
    <meta charset="UTF-8">
    <title>明日学院简介</title>
</head>
<body>
    <h1> 明日学院 </h1>
    <p>
        明日学院，是吉林省明日科技有限公司倾力打造的在线实用技能学习平台，该平台于2016年正式上线，主要为学习者提供海量、优质的课程，课程结构严谨，用户可以根据自身的学习程度，自主安排学习进度。我们的宗旨是，为编程学习者提供一站式服务，培养用户的编程思维。
    </p>
</body>
</html>
```

（3）使用谷歌浏览器打开 index.html 文件，运行结果如图 1-7 所示。

图 1-7　页面运行效果

2. HTML 表单简介

为了实现浏览器和服务器的互动，可以使用 HTML 表单搜集不同类型的用户输入，将输入的内容从客户端的浏览器传送到服务器端，经过服务器上的 PHP 程序进行处理后，再将用户所需的信息传递回客户端的浏览器，从而获得用户信息，使 PHP 与 Web 实现交互。HTML 表单形式很多，比如用户注册、登录、个人中心设置等页面。

在 HTML 中，使用<form>元素可创建一个表单。表单结构如下。

```
<form name="form_name" method="method" action="url" enctype="value" target="target_win">
……    //省略插入的表单元素
</form>
```

<form>标签的属性如表 1-1 所示。

表 1-1　<form>标签的属性

<form>标签的属性	说明
name	表单的名称
method	设置表单的提交方式，GET 或者 POST 方式
action	指向处理该表单页面的 URL（相对位置或者绝对位置）
enctype	设置表单内容的编码方式
target	设置返回信息的显示方式，target 的属性值包括 "_blank" "_parent" "_self" "_top"

GET 方法是将表单内容附加在 URL 地址后面发送；POST 方式是将表单中的信息作为一个数据块发送到服务器的处理程序中，在浏览器的地址栏不显示提交的信息。method 属性默认方法为 GET。

3. HTML 表单元素

表单（form）由表单元素组成。常用的表单元素有以下几种标签：输入域标签<input>、选择域标签<select>和<option>、文字域标签<textarea>等。

（1）输入域标签<input>

输入域标签<input>是表单中最常用的标签之一。常用的文本框、按钮、单选按钮、复选框等构成了一个完整的表单。

语法格式如下。

```
<form>
<input name="file_name" type="type_name">
</form>
```

参数 name 是指输入域的名称，参数 type 是指输入域的类型。<input type="">标签提供了 10 种类型的输入区域，用户选择的类型由 type 属性决定。type 属性值及举例如表 1-2 所示。

表 1-2　type 属性值及举例

值	举例	说明	运行结果
text	`<input name="user" type="text" value="纯净水" size="12" maxlength="1000">`	name 为文本框的名称，value 是文本框的默认值，size 指文本框的宽度（以字符为单位），maxlength 指文本框的最大输入字符数	添加一个文本框：
password	`<input name="pwd" type="password" value="666666" size="12" maxlength="20">`	密码域，用户在该文本框中输入的字符将被替换显示为 *，以起到保密作用	添加一个密码域：
file	`<input name="file" type="file" enctype="multipart/form-data" size="16" maxlength="200">`	文件域，当上传文件时，可用来打开一个模式窗口以选择文件。然后将文件通过表单上传到服务器，如上传 Word 文件等。必须注意的是，上传文件时需要指明表单的属性 enctype="multipart/form-data"才可以实现上传功能	添加一个文件域：
image	`<input name="imageField" type="image" src="images/banner.gif" width="120" height="24" border="0">`	图像域是指可以用在提交按钮位置上的图片，该图片具有按钮的功能	添加一个图像域：
radio	`<input name="sex" type="radio" value="1" checked>`男 `<input name="sex" type="radio" value="0">`女	单选按钮，用于设置一组选择项，用户只能选择一项。checked 属性用来设置该单选按钮默认被选中	添加一组单选按钮（例如，您的性别为：） ⊙ 男　○ 女
checkbox	`<input name="checkbox" type="checkbox" value="1" checked>` 封面 `<input name="checkbox" type="checkbox" value="1" checked>` 正文内容 `<input name="checkbox" type="checkbox" value="0">`价　格	复选框，允许用户选择多个选择项。checked 属性用来设置该复选框默认被选中。例如，收集个人信息时，要求在个人爱好的选项中选择多项等	添加一组复选框，（如影响您购买本书的因素：） ☑ 封面 ☑ 正文内容 ☐ 价　格
submit	`<input type="submit" name="Submit" value="提交">`	将表单的内容提交到服务器端	添加一个提交按钮： 提交

续表

值	举例	说明	运行结果
reset	`<input type="reset" name="Submit" value="重置">`	清除与重置表单内容,用于清除表单中所有文本框的内容,并使选择菜单项恢复到初始值	添加一个重置按钮: 重置
button	`<input type="button" name="Submit" value="按钮">`	按钮可以激发提交表单的动作,可以在用户需要修改表单时,将表单恢复到初始的状态,还可以依照程序的需要发挥其他作用。普通按钮一般是配合 JavaScript 脚本进行表单处理的	添加一个普通按钮: 按钮
hidden	`<input type="hidden" name="bookid">`	隐藏域,用于在表单中以隐含方式提交变量值。隐藏域在页面中对于用户是不可见的,添加隐藏域的目的在于通过隐藏的方式收集或者发送信息。浏览者单击"发送"按钮发送表单时,隐藏域的信息也被一起发送到 action 指定的处理页	添加一个隐藏域:

（2）选择域标签<select>和<option>

通过选择域标签<select>和<option>可以建立一个列表或者菜单。菜单的使用是为了节省空间,正常状态下只能看到一个选项,单击右侧的下三角按钮打开菜单后才能看到全部的选项。列表可以显示一定数量的选项,如果超出了这个数量,就会自动出现滚动条,浏览者可以拖动滚动条来查看各选项。

语法格式如下。

```
<select name="name" size="value" multiple>
<option value="value" selected>选项1</option>
<option value="value">选项2</option>
<option value="value">选项3</option>
……
</select>
```

参数 name 表示选择域的名称；size 表示列表的行数；value 表示菜单选项值；multiple 表示以菜单方式显示数据,省略则以列表方式显示数据。

选择域标签<select>和<option>的显示方式及举例如表 1-3 所示。

表 1-3 中给出了静态菜单项的添加方法,在 Web 程序开发过程中,也可以通过循环语句动态添加菜单项。

表 1-3　选择域标签<select>和<option>的显示方式及举例

显示方式	举　　例	说　　明	运行结果

列表方式	`<select name="spec" id="spec">`
	　`<option value="0" selected>网络编程</option>`
	　`<option value="1">办公自动化</option>`
	　`<option value="2">网页设计</option>`
	　`<option value="3">网页美工</option>`
	`</select>`
		下拉列表框，通过选择域标签<select>和<option>建立一个列表，列表可以显示一定数量的选项，如果超出了这个数量，就会自动出现滚动条，浏览者可以拖动滚动条来查看各选项。selected 属性用来设置该菜单默认被选中	请选择所学专业：
			网络编程▼
			网络编程
			办公自动化
			网页设计
			网页美工

菜单方式	`<select name="spec" id="spec" multiple >`
	　`<option value="0" selected>网络编程</option>`
	　`<option value="1">办公自动化</option>`
	　`<option value="2">网页设计</option>`
	　`<option value="3">网页美工</option>`
	`</select>`
		multiple 属性用于下拉列表<select>标签中，设置该属性，用户可以使用 Shift 键和 Ctrl 键进行多选	请选择所学专业：
			网络编程
			办公自动化
			网页设计
			网页美工

（3）文字域标签<textarea>

文字域标签<textarea>用来制作多行的文字域，可以在其中输入更多的文本。

语法格式如下。

```
<textarea name="name" rows=value cols=value value="value" warp="value">
    ……文本内容
</textarea>
```

参数 name 表示文字域的名称；rows 表示文字域的行数；cols 表示文字域的列数（这里的 rows 和 cols 以字符为单位）；value 表示文字域的默认值，warp 用于设定显示和送出时的换行方式，值为 off 表示不自动换行，值为 hard 表示自动硬回车换行，换行标签一同被发送到服务器，输出时也会换行，值为 soft 表示自动软回车换行，换行标签不会被发送到服务器，输出时仍然为一列。

例如，使用文字域实现发表建议的多行文本框可以使用下面的代码。

```
<textarea name="remark" cols="20" rows= "4" id="remark"> 请输入您的建议！
</textarea>
```

运行上面的代码将显示图 1-8 所示的结果。

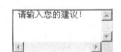

图 1-8　文字域显示效果

更多 HTML 知识，请查阅相关教程。Python Web 初学者，只要求掌握基本的 HTML 知识。

1.2.2 CSS

CSS

层叠样式表（Cascading Style Sheets，CSS）是一种标记语言，用于为 HTML 文档定义布局。例如，CSS 涉及字体、颜色、边距、高度、宽度、背景图像、高级定位等方面。运用 CSS 样式可以让页面变得美观，就像化妆前和化妆后的效果一样，如图 1-9 所示。

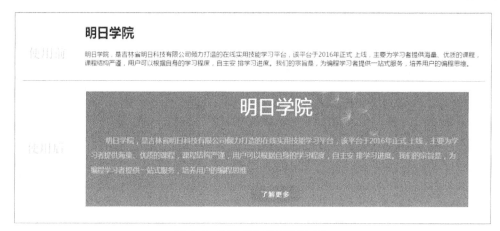

图 1-9 使用 CSS 前后效果对比

在 HTML 文件中嵌入 CSS 样式有 3 种方式：内联样式表、内部样式表和外部样式表。

1. 内联样式表

内联样式表就是使用 HTML 属性 style，在 style 属性内添加 CSS 样式。内联样式表是仅影响一个元素的 CSS 声明，也就是被 style 属性包括的元素。下面通过一个实例来学习内联样式表。

【例 1-2】 为例 1-1 中的 index.html 文件中的<h1>标签和<p>标签添加 CSS 样式。（实例位置：资源包\Code\Chapter1\1-2）

```
<!DOCTYPE html>
<html lang="en">
<head>
    <meta charset="UTF-8">
    <title>明日学院简介</title>
</head>
<body>
    <h1 style="text-align:center;color:blue"> 明日学院 </h1>
    <p style="padding:20px;background:yellow">
        ……省略部分内容
    </p>
</body>
</html>
```

运行效果如图 1-10 所示。

图 1-10　使用内联样式表运行效果

2．内部样式表

内部样式表即在 HTML 文件内使用 <style> 标签，在文档头部<head>标签内定义内部样式表，下面通过一个实例学习内部样式表。

【例 1-3】 将例 1-2 中的 index.html 文件中的行内样式修改为内部样式。（实例位置：资源包\Code\Chapter1\1-3）

```html
<!DOCTYPE html>
<html lang="en">
<head>
    <meta charset="UTF-8">
    <title>明日学院简介</title>
    <style>
        h1 {
            text-align:center;
            color:blue
        }
        p {
            padding:20px;
            background:yellow
        }
    </style>
</head>
<body>
    <h1> 明日学院 </h1>
    <p>
        ……省略部分内容
    </p>
</body>
</html>
```

运行结果与例 1-2 相同。

3．外部样式表

外部样式表就是一个扩展名为 css 的文本文件。跟其他文件一样，可以把样式表文件放在 Web 服务器上或者本地硬盘上。然后，在需要使用该样式的 HTML 文件中，创建一个指向外部样式表文件的链接（link）即可，语法格式如下。

```html
<link rel="stylesheet" type="text/css" href="style/default.css" />
```

下面通过一个实例来学习外部样式表。

【例1-4】 使用外部样式表修改 index.html 文件中的<h1>标签和<p>标签。（实例位置：资源包\Code\Chapter1\1-4）

首先创建一个 CSS 文件，然后引入 index.html 文件中。具体步骤如下。

（1）在 1-4 文件夹下，创建一个名为 style.css 的文件，编写如下代码。

```css
h1 {
    text-align:center;
    color:blue
}
p {
    padding:20px;
    background:yellow
}
```

（2）在 index.html 文件中引入 style.css 文件。代码如下。

```html
<!DOCTYPE html>
<html lang="en">
<head>
    <meta charset="UTF-8">
    <title>明日学院简介</title>
    <link rel="stylesheet" type="text/css" href="style.css">
</head>
<body>
    <h1> 明日学院 </h1>
    <p>
        ……省略部分内容
    </p>
</body>
</html>
```

运行结果与例 1-2 相同。

更多 CSS 知识，请查阅相关教程。Python Web 初学者，只要求掌握基本的 CSS 知识。

1.2.3 JavaScript

通常，我们所说的前端就是指 HTML、CSS 和 JavaScript 三项技术。

- HTML：定义网页的内容。
- CSS：描述网页的样式。
- JavaScript：描述网页的行为。

JavaScript

JavaScript 是一种可以嵌入 HTML 代码中由客户端浏览器运行的脚本语言。在网页中使用 JavaScript 代码，不仅可以实现网页特效，还可以响应用户请求实现动态交互的功能。例如，在用户注册页面中，需要验证用户输入信息的合法性，包括是否填写了"邮箱"和"手机号"，填写的"邮箱"和"手机号"格式是否正确等。

怎样向页面添加 JavaScript？可以像添加 CSS 那样将 JavaScript 添加到 HTML 页面中。CSS 使用 <link> 元素链接外部样式表，使用 <style> 元素向 HTML 嵌入内部样式表，而 JavaScript 只需一个元素——

<script>。

1. 在 HTML 页面嵌入 JavaScript

JavaScript 作为一种脚本语言，可以使用<script>标签嵌入 HTML 文件中。

语法格式如下：

```
<script >
……
</script>
```

> 【例 1-5】 使用 JavaScript 的 alert()函数弹出对话框"人生苦短，我用 Python"。（实例位置：资源包\Code\Chapter1\1-5）

在 HTML 文件中嵌入 JavaScript 脚本。这里直接在<script>和</script>标签中写 JavaScript 代码，用于弹出一个提示对话框，代码如下：

```html
<!DOCTYPE html>
<html lang="en">
<head>
    <meta charset="UTF-8">
    <title>明日学院简介</title>
</head>
<body>
    <h1> 明日学院 </h1>
    <p>
        ……省略部分内容
    </p>
    <button onclick="displayAlert()">点我呀</button>
<script>
    function displayAlert(){
        alert('人生苦短，我用Python')
    }
</script>
</body>
</html>
```

在上面的代码中，<script>与</script>标签之间自定义了一个函数 dislayAlert()，向客户端浏览器弹出一个提示框。当单击"点我呀"按钮时，弹出该提示框，运行结果如图 1-11 所示。

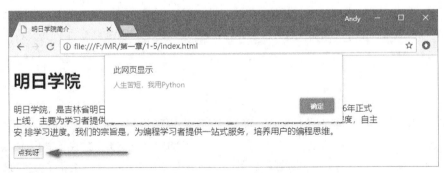

图 1-11 弹出框效果

2. 引用外部 JavaScript 文件

与引入外部 CSS 文件类似，可以创建一个 JavaScript 文件，在需要使用的文件中，创建一个指向外部

JavaScript 文件的链接（src）即可，语法格式如下。

```
<script src=url ></script>
```

其中，url 是 JS 文件的路径。使用外部 JS 文件的优点如下。

- ❑ 使用 JS 文件可以将 JavaScript 脚本代码从网页中独立出来，便于阅读代码。
- ❑ 一个外部 JS 文件，可以同时被多个页面调用。当共用的 JavaScript 脚本代码需要修改时，只需要修改 JS 文件中的代码即可，便于代码维护。
- ❑ 通过<script>标签中的 src 属性不但可以调用同一个服务器上的 JS 文件，还可以通过指定路径来调用其他服务器上的 JS 文件。

【例 1-6】 使用外部 JavaScript 文件方式修改实例 1-5。（实例位置：资源包\Code\Chapter1\1-6）

首先创建一个 JavaScript 文件，然后引入 index.html 文件中。具体步骤如下。

（1）在 1-6 文件夹下，创建一个名为 main.js 的文件，编写如下代码。

```
function displayAleart(){
    alert('人生苦短，我用Python')
}
```

（2）在 index.html 文件中引入 main.js 文件。代码如下。

```
<!DOCTYPE html>
<html lang="en">
<head>
    <meta charset="UTF-8">
    <title>明日学院简介</title>
    <script src="main.js"></script>
</head>
<body>
    <h1> 明日学院 </h1>
    <p>
        ……省略部分内容
    </p>
    <button onclick="displayAleart()">点我呀</button>
</body>
</html>
```

运行结果与例 1-5 相同。

更多 JavaScript 知识，请查阅相关教程。Python Web 初学者，只要求掌握基本的 JavaScript 知识。

小 结

本章首先介绍了什么是 Web，然后介绍了 Web 的工作原理和发展历程。由于本书的重点是介绍 Python 的 Web 开发，所以要求读者掌握基本的 Web 前端技术。接下来又介绍了前端的基础知识，包括 HTML、CSS 和 JavaScript 的基础知识，并使用多个实例以不同的方式实现相同的页面效果，使读者加深理解。

第 1 章
Web 开发基础

上机指导

本实例要求使用 HTML、CSS 和 JavaScript 制作一个静态的注册页面，实现注册时输入邮箱、密码和确认密码等信息，并能够对用户输入的格式进行基本验证。程序运行结果如图 1-12 所示。（实例位置：资源包\MR\上机指导\第 1 章\）

图 1-12　输出励志文字的应用程序

开发步骤如下。

（1）使用 Pycharm 创建一个 Register 文件夹，作为项目名称。

（2）在 Register 文件夹下创建 register.html 文件。关键代码如下。

```
<!DOCTYPE html>
<html>
<head lang="en">
    <meta charset="UTF-8">
    <title>注册</title>
    <!-- 引入外部CSS文件 -->
    <link rel="stylesheet" type="text/css"  href="css/basic.css" />
    <link rel="stylesheet" type="text/css"  href="css/login.css" />
    <script src="js/login.js"></script>
</head>
<body>
<!-- 顶部 -->
<div class="login-boxtitle">
    <a href="index.html"><img alt="" src="images/logobig.png"/></a>
</div>
<!-- 主区域 -->
<div class="res-banner">
    <div class="res-main">
        <div class="login-banner-bg"><span></span><img src="images/big.png"/></div>
```

```html
<div class="login-box">
    <div class="mr-tabs" id="doc-my-tabs">
        <ul class="mr-tabs-nav mr-nav mr-nav-tabs mr-nav-justify">
            <li class="mr-active"><a href="">注册</a></li>
        </ul>
        <div class="mr-tabs-bd">
            <div class="mr-tab-panel mr-active">
                <!-- 表单开始 -->
                <form method="" action="">
                    <!-- 邮箱输入框 -->
                    <div class="user-email">
                        <label for="email"><i class="mr-icon-envelope-o"></i>
                        </label>
                        <input type="email" name="" id="email" placeholder="请输入邮箱账号">
                    </div>
                    <!-- 密码输入框 -->
                    <div class="user-pass">
                        <label for="password"><i class="mr-icon-lock"></i>
                        </label>
                        <input type="password" name="" id="password" placeholder="设置密码">
                    </div>
                    <!-- 确认密码输入框 -->
                    <div class="user-pass">
                        <label for="passwordRepeat"><i class="mr-icon-lock">
                        </i></label>
                        <input type="password" name="" id="passwordRepeat" placeholder="确认密码">
                    </div>
                    <!-- 手机号输入框 -->
                    <div class="user-pass">
                        <label for="passwordRepeat"><i class="mr-icon-mobile">
                        </i><span style="color:red;margin-left:5px">*</span>
                        </label>
                        <input type="text" name="" id="tel" placeholder="请输入手机号">
                    </div>
                </form>
                <!-- 表单结束 -->
                <div class="login-links">
                    <!-- 服务协议勾选框 -->
                    <label for="reader-me">
                        <input id="reader-me" type="checkbox"> 点击表示您同意商城《服务协议》
                    </label>
                </div>
                <div class="mr-cf">
                    <input type="submit"  onclick="mr_verify()" value="注册"
```

```
                    class="mr-btn mr-btn-primary mr-btn-sm mr-fl">
                </div>
              </div>
            </div>
          </div>
        </div>
      </div>
      <!--省略部分代码 -->
    </div>
  </div>

</body>
</html>
```
（3）在 Register\css\目录下创建文件 basic.css 文件和 login.css 文件。具体代码参见资源包。

（4）在 Register\js\目录下创建 login.js 文件。具体代码参见资源包。

完成以上操作后，使用谷歌浏览器打开 register.html 文件来运行程序。

习 题

1-1 简述什么是 Web。

1-2 简述 Web 应用程序的工作原理。

1-3 简述 Web 的发展历程。

1-4 简述 HTML 嵌入 CSS 代码的几种方式。

第2章

Python常用Web框架

如果我们从零开始建立了一些网站，可能会不得不一次又一次地解决一些相同的问题。这样做是令人厌烦的，并且违反了良好编程的核心原则之一——DRY（不要重复自己）。在大多数情况下，开发人员通常需要处理 4 项任务——数据的创建、读取、更新和删除，也称为 CRUD。幸运的是，通过使用 Web 框架解决了这些问题。

本章要点

- 了解什么是Web框架
- Python 常用的Web 框架
- 创建虚拟环境并安装Web框架
- 掌握Flask框架的基本使用
- 掌握Django框架的基本使用
- 掌握Tornado框架的基本使用

2.1 Python 常用 Web 框架概述

2.1.1 什么是 Web 框架

什么是 Web 框架

Web 框架是用来简化 Web 开发的软件框架。框架的存在是为了避免重复劳动，并且在用户创建一个新的网站时帮助减轻一些开销。典型的框架提供了如下常用功能。

- 管理路由。
- 访问数据库。
- 管理会话和 Cookies。
- 创建模板来显示 HTML。
- 促进代码的重用。

事实上，框架根本就不是什么新的东西，它只是一些能够实现常用功能的 Python 文件。我们可以把框架看作是工具的集合，而不是特定的东西。框架的存在使得建立网站更快更容易，框架还促进了代码的重用。

2.1.2 Python 中常用的 Web 框架

时至今日，各种开源 Web 框架至少有上百个，关于 Python Web 框架优劣的讨论也仍在继续。作为初学者，应该选择一些主流的框架来学习使用。这是因为主流框架文档齐全，技术积累较多，社区繁盛，并且能得到更好的支持。下面，介绍几种 Python 的主流 Web 框架。

Python 中常用的 Web 框架

1. Django

这可能是最广为人知和使用最广泛的 Python Web 框架了。Django 有世界上最大的社区和最多的包。它的文档非常完善，并且提供了"一站式"的解决方案，包括缓存、ORM、管理后台、验证、表单处理等，使得开发复杂的由数据库驱动的网站变得简单。但是，Django 系统耦合度较高，替换掉内置的功能比较麻烦，所以学习曲线也有些陡峭。

2. Flask

Flask 是一个轻量级 Web 应用框架。它的名字暗示了它的含义，它基本上就是一个微型的胶水框架。因为它把 Werkzeug 和 Jinja 粘合在了一起，所以它很容易被扩展。Flask 也有许多扩展可供使用，Flask 也有一群忠诚的粉丝和不断增加的用户群。它有一份很完善的文档，甚至还有一份唾手可得的常见范例。Flask 很容易使用，用户只需要几行代码就可以写出一个"Hello World"程序。

3. Tornado

Tornado 不单单是个框架，还是个 Web 服务器。它一开始是给 FriendFeed 开发的，后来在 2009 年也给 Facebook 使用。它是为了解决实时服务而诞生的。为了做到这一点，Tornado 使用了异步非阻塞 I/O，所以它的运行速度非常快。

除上面介绍的 3 种框架外，Python 还有许多其他 Web 框架，这里就不再介绍了。每种框架各有优劣，使用时需要根据应用场景选择适合的 Web 框架。

2.2 Flask 框架的使用

Flask 依赖两个外部库：Werkzeug 和 Jinja2。Werkzeug 是一个 WSGI（在 Web 应用和多种服务器之间的标准 Python 接口）工具集。Jinja2 负责渲染模板。所以，在安装 Flask 之前，需要安装这两个外部库。而最简单的方式就是使用 virtualenv 创建虚拟环境（Virtual Enviroment），然后在虚拟环境下安装 Flask。

使用虚拟环境的好处是可以为每个项目创建独立的 Python 解释器环境，因为通常情况下，不同的项目会依赖不同版本的库，甚至是不同的 Python 版本。所以，使用虚拟环境可以保持全局 Python 解释器环境的纯净，避免包和版本混乱，并且可以方便地区分和记录每个项目的依赖，以便在新环境下复现依赖环境。

2.2.1 安装虚拟环境

virtualenv 为每个项目提供一份 Python 安装，它并没有真正安装多个 Python 副本，但却提供了一种巧妙的方式来让各项目环境保持独立。

安装虚拟环境

1. 安装 virtualenv

Python 开发者通常使用 pip 安装软件包。它的原理其实就是从 Python 的官方源 https://pypi.python.org/pypi 下载到本地，然后解包安装。对于国内开发者而言，访问官方的 pypi 速度很慢，而且很不稳定，所以，一些公司或机构为开发者们提供了国内网站镜像（原网站内容的拷贝），如豆瓣、阿里云和清华大学等。使用网站镜像可以加速安装过程。

下面介绍使用 pip 安装豆瓣镜像的步骤。

（1）进入 C 盘用户文件夹，新建名为 pip 的目录，在 pip 目录下新建 pip.ini 文件，结果如图 2-1 所示。

图 2-1 新建 pip.ini 文件

（2）设置豆瓣镜像。在 pip.ini 中添加如下代码。

```
[global]
index-url = https://pypi.douban.com/simple
[install]
trusted-host=pypi.doubanio.com
```

完成以上步骤后，使用如下命令安装 virtualenv。

```
pip install virtualenv
```

安装完成后，可以使用如下命令检测 virtualenv 版本。

```
virtualenv --version
```

如果运行效果如图 2-2 所示，则说明安装成功。

图 2-2 查看 virtualenv 版本

2. 创建虚拟环境

接下来，使用 virtualenv 命令在指定的项目目录下创建 Python 虚拟环境。这个命令只有一个必需的参数，即虚拟环境的名字。按照惯例，一般虚拟环境会被命名为 venv。创建虚拟环境后，当前文件夹中会出现一个 venv 子文件夹，与虚拟环境相关的文件都保存在这个子文件夹中。

切换到指定目录（本机器为"F:\MR\Chapter2\"），运行如下命令。

```
virtualenv venv
```

创建成功后效果如图 2-3 所示。

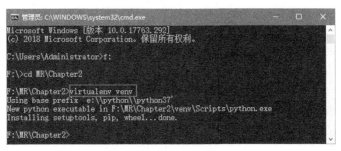

图 2-3　创建虚拟环境

此时，在运行的目录下，会新增一个 venv 文件夹，它保存一个全新的虚拟环境，其中有一个私有的 Python 解释器，如图 2-4 所示。

图 2-4　创建虚拟环境

3. 激活虚拟环境

在使用这个虚拟环境之前，需要先将其"激活"。可以通过下面的命令激活这个虚拟环境。

```
venv\Scripts\activate
```

激活以后的效果如图 2-5 所示。

图 2-5　激活虚拟环境后的效果

安装 Flask

2.2.2　安装 Flask

可以使用 pip 工具安装 Flask。为了对比 Flask 安装前后虚拟环境下包的变化，使用

pip list 命令查看当前虚拟环境下已安装的包，如图 2-6 所示。

图 2-6　查看虚拟环境下的包

接下来，使用如下命令安装 Flask。

pip install -U flask

 pip install +包名 命令用于安装相应包，-U 参数是 --upgrade 的缩写，表示如果已安装就升级到最新版。

运行效果如图 2-7 所示。

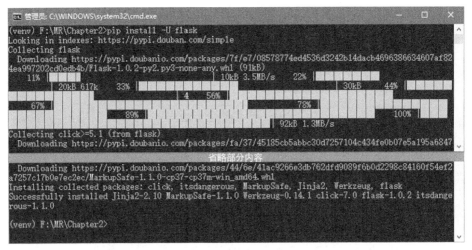

图 2-7　安装 Flask

安装完成以后，再次使用 pip list 命令查看所有安装包，运行结果如图 2-8 所示。

图 2-8　查看所有安装包

从图 2-8 中可以看到，已经成功安装了 Flask，此外还安装 Flask 的 5 个外部依赖包，依赖包及说明如表 2-1 所示。

表 2-1　Flask 的依赖包

名称及版本号	说明
Click（7.0）	命令行工具
itsdangerous（1.1.0）	提供加密和签名功能
Jinjia2（2.10）	模板渲染引擎
MarkupSafe（1.1.0）	HTML 字符转义（escape）工具
Werkzeug（0.14.1）	WSGI 工具集，处理请求与响应，内置 WSGI 开发服务器、调试器和重载器

2.2.3　编写第一个 Flask 程序

一切准备就绪，现在开始编写第一个 Flask 程序。由于是第一个 Flask 程序，所以从最简单的 Hello World! 开始。

编写第一个 Flask 程序

【例 2-1】　输出 Hello World!。（实例位置：资源包\Code\Chapter2\2-1）

在 "Chapter2\2-1\" 目录下创建一个 hello.py 文件，代码如下。

```python
from flask import Flask
app = Flask(__name__)


@app.route('/')
def hello_world():
    # return 'Hello World!'
    return '你好!'


if __name__ == '__main__':
    app.run()
```

运行 2-1 文件夹下的 hello.py 文件，运行效果如图 2-9 所示。

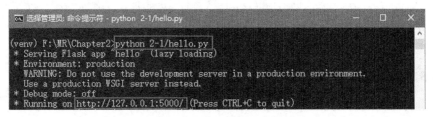

图 2-9　运行 hello.py 文件

然后在浏览器中，输入网址 "127.0.0.1:5000"，运行效果如图 2-10 所示。

图 2-10　输出 "Hello World!"

那么，这段代码做了什么？

（1）导入了 Flask 类。这个类的实例是 WSGI 应用程序。

（2）创建一个该类的实例，第一个参数是应用模块或者包的名称。如果使用单一的模块（如本例），那么应该使用__name__，因为模块的名称将会因其是作为单独应用启动还是作为模块导入而有不同（即是'__main__'或实际的导入名）。这是必需的，这样 Flask 才知道到哪去找模板、静态文件等。详情见 Flask 的文档。

（3）使用 route()装饰器告诉 Flask 什么样的 URL 能触发函数。

这个函数的名称也在生成 URL 时被特定的函数采用，这个函数返回要显示在用户浏览器中的信息。

（4）用 run()函数来让应用运行在本地服务器上。其中 if__name__=='__main__':确保服务器只会在该脚本被 Python 解释器直接执行时才会运行，而不是作为模块导入时运行。

服务器启动后会一直运行。如要关闭服务器，按 Ctrl+C 组合键或 Ctrl + Pause/Break 组合键。

2.2.4 开启调试模式

当服务器启动以后，访问"//127.0.0.1:5000"，可以查看输出的页面内容。但是此时，如果修改代码，例如，将"Hello World"修改为"你好"，然后刷新浏览器，页面并没有变化。我们需要先关闭服务器，然后再启动程序。显然，这对于本地开发调试非常不方便。此时，可以启用调试支持。开启调试模式后修改代码，服务器会自动重新载入，并在发生错误时提供一个相当有用的调试器，方便开发者快速定位错误。

开启调试模式

有两种途径来启用调试模式。一种是直接在应用对象上设置。

```
app.debug = True
app.run()
```

另一种是作为 run 方法的一个参数传入。

```
app.run(debug=True)
```

两种方法的效果完全相同。

在调试模式下，修改代码后，服务器会自动重启，刷新浏览器即可查看页面变化。当项目上线时，请关闭调试模式。

2.2.5 路由

客户端（如浏览器）把请求发送给 Web 服务器，Web 服务器再把请求发送给 Flask 程序实例。因为程序实例需要知道对每个 URL 请求运行哪些代码，所以保存了一个 URL 到 Python 函数的映射关系。处理 URL 和函数之间关系的程序称为路由（Route），而这个函数被称为视图函数（View Function）。

路由

在 Flask 程序中定义路由的最简便方式，是使用程序实例提供的 app.route 装饰器，把装饰的函数注册为路由。下面的例子说明了如何使用这个装饰器声明路由，代码如下。

```
@app.route('/hello')
def hello_world():
    return 'Hello World!'
```

在上述代码中，app.route()装饰器把"/hello"和 hello_world()函数绑定起来，当在浏览器中访问网址

"127.0.0.1:5000/hello"时，URL 就会触发 hello_world()函数，执行函数体中的代码。

 装饰器是 Python 语言的标准特性，可以使用不同的方式修改函数的行为。常用方法是使用装饰器把函数注册为事件的处理程序。

此外，还可以构造含有动态部分的 URL，也可以在一个函数上附着多个规则。

1．变量规则

要给 URL 添加变量部分，可以把这些特殊的字段标记为<variable_name>，这个部分将会作为命名参数传递到函数。规则可以用<converter:variable_name>指定一个可选的转换器。

【例 2-2】 根据参数输出相应信息。（实例位置：资源包\Code\Chapter2\2-2）

创建 user.py 文件，定义 2 个函数分别显示用户姓名和文章 ID，关键代码如下。

```python
@app.route('/user/<username>')
def show_user_profile(username):
    # 显示该用户名的用户信息
    return 'User: %s' % username

@app.route('/post/<int:post_id>')
def show_post(post_id):
    # 根据ID显示文章，ID是整型数据
    return 'Post ID: %d' % post_id
```

在上述代码中，show_user_profile()函数用于动态显示用户名，即在 URL 中匹配<username>变量，例如，访问"http://127.0.0.1:5000/user/andy"，那么<username>为"andy"。show_post()函数使用了转换器。它有下面几种类型。

❑ Int：接受整数。
❑ float：同 int，但是接受浮点数。
❑ path：和默认的相似，但也接受斜线。

代码中使用<int:post_id>将其设置为整型，即只接收整型数据，如果为其他类型，则提示"Not Found"。运行 user.py 文件，运行结果如图 2-11 和图 2-12 所示。

图 2-11 获取用户信息

图 2-12 获取文章信息

2．为视图绑定多个 URL

一个视图函数可以绑定多个 URL。例如，明日学院网首页为"www.mingrisoft.com"，而访问"www.mingrisoft.com/index"同样也是访问网站首页。那么可以将 2 个 URL 绑定到一个视图文件上。

【例2-3】 为视图绑定多个URL。（实例位置：资源包\Code\Chapter2\2-3）

创建 index.py 文件，为 index() 视图函数绑定 "\" 和 "\index" 2个URL，关键代码如下。

```python
@app.route('/')
@app.route('/index')
def index():
    return "Welcome to Flask"
```

运行 index.py 文件，运行结果如图 2-13 和图 2-14 所示。

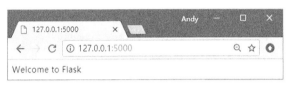

图 2-13　访问"/"运行结果

图 2-14　访问"/index"运行结果

3. 构造 URL

Flask 除了能够匹配 URL，还能生成 URL。Flask 可以用 url_for() 来给指定的函数构造 URL。它接受函数名作为第一个参数，也接受对应 URL 规则的变量部分的命名参数。未知变量部分会添加到 URL 末尾作为查询参数。

【例2-4】 使用url_for()函数获取URL信息。（实例位置：资源包\Code\Chapter2\2-4）

创建 post.py 文件，在该文件中定义一个 redirect_to_url() 函数，代码如下。

```python
from flask import Flask,url_for
app = Flask(__name__)

@app.route('/post/<int:post_id>')
def show_post(post_id):
    # 根据ID显示文章，ID是整型数据
    return 'Post ID: %d' % post_id

@app.route('/url/')
def redirect_to_url():
    # 跳转到show_post()视图函数
    return url_for('show_post', post_id=10)

if __name__ == '__main__':
    app.run(debug=True)
```

在上述代码中，当匹配到"/url/"路由时，执行 redirect_to_url() 函数。其中，url_for('show_post',post_id=10) 等价于"/post/10"，所以，跳转至"/post/<int:post_id>"路由，执行 show_post() 函数。运行结果如图 2-15 所示。

图 2-15　url_for()函数应用效果

4. HTTP 方法

HTTP（与 Web 应用会话的协议）有许多不同的访问 URL 方法。默认情况下，路由只回应 GET 请求，但是通过 route() 装饰器传递 methods 参数可以改变这个行为。例如：

```
@app.route('/login', methods=['GET', 'POST'])
def login():
    if request.method == 'POST':   # 请求方式为POST
        do_the_login()
    else:                           # 默认请求方式为GET
        show_the_login_form()
```

HTTP 方法（也经常被叫作"谓词"）告知服务器，客户端想对请求的页面做些什么。常见的方法如表 2-2 所示。

表 2-2　常用的 HTTP 方法

名称及版本号	说明
GET	浏览器告知服务器：只获取页面上的信息并发给我。这是最常用的方法
HEAD	浏览器告诉服务器：欲获取信息，但是只关心消息头。应用应像处理 GET 请求一样来处理它，但是不分发实际内容。在 Flask 中完全无须人工干预，底层的 Werkzeug 库已经替你处理好了
POST	浏览器告诉服务器：想在 URL 上发布新信息，并且服务器必须确保数据已存储且仅存储一次。这是 HTML 表单发送数据到服务器的通常方法
PUT	类似 POST，但是服务器可能触发了存储过程多次，多次覆盖掉旧值。你可能会问这有什么用，当然这是有原因的。考虑到传输中连接可能会丢失，在这种情况下，浏览器和服务器之间的系统可能安全地第二次接收请求，而不破坏其他东西。因为 POST 只触发一次，所以用 POST 是不可能的
DELETE	删除给定位置的信息
OPTIONS	给客户端提供一个敏捷的途径来弄清这个 URL 支持哪些 HTTP 方法。从 Flask 0.6 开始，实现了自动处理

2.2.6　模板

模板

模板是一个包含响应文本的文件，其中包含用占位变量表示的动态部分，其具体值只在请求的上下文中才能知道。使用真实值替换变量，再返回最终得到的响应字符串，这一过程称为渲染。为了渲染模板，Flask 使用了一个名为 Jinja2 的强大模板引擎。

1. 渲染模板

默认情况下，Flask 在程序文件夹中的 templates 子文件夹中寻找模板。下面通过一个实例介绍如何渲染模板。

【例2-5】 渲染模板。（实例位置：资源包\Code\Chapter2\2-5）

在"Chapter2\2-5\"目录下创建templates文件夹，在该文件夹下创建2个文件，分别命名为index.html和user.html。然后在venv同级目录下创建app.py文件，渲染这些模板。目录结构如图2-16所示。

图2-16 目录结构

Templates/index.html代码如下。

```html
<!DOCTYPE html>
<html lang="en">
<head>
    <meta charset="UTF-8">
    <title></title>
</head>
<body>
    <h1>Welcome to Flask</h1>
</body>
</html>
```

Templates/user.html代码如下。

```html
<!DOCTYPE html>
<html lang="en">
<head>
    <meta charset="UTF-8">
    <title>Title</title>
</head>
<body>
    <h1>Hello, {{ name }}!</h1>
</body>
</html>
```

app.py文件代码如下。

```python
from flask import Flask,render_template
app = Flask(__name__)

@app.route('/')
def hello_world():
    return render_template('index.html')  # 渲染模板

@app.route('/user/<username>')
def show_user_profile(username):
    # 显示该用户名的用户信息
    return render_template('user.html', name=username)  # 渲染模板

if __name__ == '__main__':
    app.run(debug=True)
```

Flask 提供的 render_template 函数把 Jinja2 模板引擎集成到了程序中。render_template 函数的第一个参数是模板的文件名。随后的参数都是键值对，表示模板中变量对应的真实值。在这段代码中，第二个模板收到一个名为 username 的变量。左边的"name"表示参数名，就是模板中使用的占位符；右边的"username"是当前作用域中的变量，表示同名参数的值。在 user.html 模板中，username 的值会替换掉{{ name }}。运行效果与例 2-3 相同。

2. 变量

例 2-5 在模板中使用的{{ name }}结构表示一个变量，它是一种特殊的占位符，告诉模板引擎这个位置的值从渲染模板时使用的数据中获取。Jinja2 能识别所有类型的变量，甚至是一些复杂的类型，如列表、字典和对象。在模板中使用变量的一些示例如下。

```
<p>从字典中取一个值: {{ mydict['key'] }}.</p>
<p>从列表中取一个值: {{ mylist[3] }}.</p>
<p>从列表中取一个带索引的值: {{ mylist[myintvar] }}.</p>
<p>从对象的方法中取一个值: {{ myobj.somemethod() }}.</p>
```

可以使用过滤器修改变量，过滤器名添加在变量名之后，中间使用竖线分隔。例如，下述模板以首字母大写形式显示变量 name 的值。

```
Hello, {{ name|capitalize }}
```

Jinja2 提供的部分常用过滤器如表 2-3 所示。

表 2-3　常用过滤器

名称	说明
safe	渲染值时不转义
capitalize	把值的首字母转换成大写，其他字母转换成小写
lower	把值转换成小写形式
upper	把值转换成大写形式
title	把值中每个单词的首字母都转换成大写
trim	把值的首尾空格去掉
striptags	渲染之前把值中所有的 HTML 标签都删掉

safe 过滤器值得特别说明一下。默认情况下，出于安全考虑，Jinja2 会转义所有变量。例如，如果一个变量的值为 '<h1>Hello</h1>'，Jinja2 会将其渲染成'<h1>Hello</h1>'，浏览器能显示这个 h1 元素，但不会解释。很多情况下需要显示变量中存储的 HTML 代码，这时就可使用 safe 过滤器。

3. 控制结构

Jinja2 提供了多种控制结构，可用来改变模板的渲染流程。下面使用简单的例子介绍其中最常用的控制结构。

下面的例子展示了如何在模板中使用条件控制语句。

```
{% if user %}
Hello, {{ user }}!
{% else %}
Hello, Stranger!
{% endif %}
```

另一种常见需求是在模板中渲染一组元素。下例展示了如何使用 for 循环实现这一需求。

```
<ul>
{% for comment in comments %}
```

```
<li>{{ comment }}</li>
{% endfor %}
</ul>
```
Jinja2 还支持宏。宏类似于 Python 代码中的函数。例如：
```
{% macro render_comment(comment) %}
<li>{{ comment }}</li>
{% endmacro %}
<ul>
{% for comment in comments %}
{{ render_comment(comment) }}
{% endfor %}
</ul>
```
为了重复使用宏，可以将其保存在单独的文件中，然后在需要使用的模板中导入。
```
{% import 'macros.html' as macros %}
<ul>
{% for comment in comments %}
{{ macros.render_comment(comment) }}
{% endfor %}
</ul>
```
需要在多处重复使用的模板代码片段可以写入单独的文件，再包含在所有模板中，以避免重复。
```
{% include 'common.html' %}
```
另一种重复使用代码的强大方式是模板继承，它类似于 Python 代码中的类继承。首先，创建一个名为 base.html 的基模板。
```
<html>
<head>
{% block head %}
<title>{% block title %}{% endblock %} - My Application</title>
{% endblock %}
</head>
<body>
{% block body %}
{% endblock %}
</body>
</html>
```
block 标签定义的元素可在衍生模板中修改。在本例中，定义了名为 head、title 和 body 的块。注意，title 包含在 head 中。下面这个示例是基模板的衍生模板。
```
{% extends "base.html" %}
{% block title %}Index{% endblock %}
{% block head %}
{{ super() }}
<style>
</style>
{% endblock %}
{% block body %}
<h1>Hello, World!</h1>
{% endblock %}
```

extends 指令声明这个模板衍生自 base.html。在 extends 指令之后，基模板中的 3 个块被重新定义，模板引擎会将其插入适当的位置。注意新定义的 head 块，因为在基模板中其内容不是空的，所以使用 super() 获取原来的内容。

2.3　Django 框架的使用

Django 是基于 Python 的重量级开源 Web 框架。Django 拥有高度定制的 ORM 和大量的 API，简单灵活的视图编写、优雅的 URL、适于快速开发的模板、强大的管理后台使得它在 Python Web 开发领域占据不可动摇的地位。Instagram、FireFox、国家地理杂志等著名网站都在使用 Django 进行开发。

2.3.1　安装 Django Web 框架

安装 Django Web 框架有很多种方式，包括使用 pip 安装 Django、使用 virtualenv 安装 Django 和使用 Anaconda 安装 Django。前面已经介绍了 virtualenv 虚拟环境，下面介绍在该环境中安装 Django。

安装 Django
Web 框架

步骤如下。

（1）执行"\venv\Scripts\activate"激活虚拟环境。

（2）在激活后的 venv 中执行"pip install –U django"可以安装最新版本的 Django（当前版本是 2.1.7），如图 2-17 所示。

图 2-17　使用 virtualenv 安装 Django

 Django 1.x 版本和 Django 2.x 版本差异较大，本章重点介绍 Djando 2.x 版本的使用。

2.3.2　创建一个 Django 项目

下面使用 Django 2.x 创建一个项目。

创建一个 Django
项目

【例 2-6】　创建一个 Django 项目。（实例位置：资源包\Code\Chapter2\django_demo）

（1）在虚拟环境下创建一个名为 django_demo 的项目。命令如下。

```
django-admin startproject django_demo
```

（2）使用 Pycharm 打开 django_demo 项目，查看目录结构，如图 2-18 所示。

项目已经创建完成，Django 项目中的文件及说明如表 2-4 所示。

图 2-18　Django 项目目录结构

表 2-4　Django 项目中的文件及说明

文件	说明
manage.py	Django 程序执行的入口
db.sqlite3	sqlite 的数据库文件，Django 默认使用这种小型数据库存取数据，非必需
templates	Django 生成的 HTML 模板文件夹，也可以在每个 App 中使用模板文件夹
demo	Django 生成的和项目同名的配置文件夹
settings.py	Django 总的配置文件，可以配置 App、数据库、中间件、模板等诸多选项
urls.py	Django 默认的路由配置文件，可以在其中使用 include 包含其他路径下的 urls.py
wsgi.py	Django 实现的 WSGI 接口的文件，用来处理 Web 请求

（3）在虚拟环境中执行如下命令运行项目。

```
python manage.py runserver
```

运行结果如图 2-19 所示。

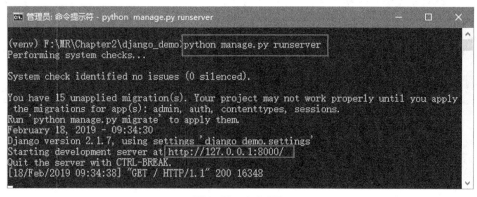

图 2-19　启动项目

（4）可以看到开发服务器已经开始监听 8000 端口的请求了。在浏览器中输入 "127.0.0.1:8000" 即可看到一个 Django 页面，如图 2-20 所示。

（5）使用命令创建后台应用。

① 按 Ctrl+C 组合键关闭服务器，然后执行如下命令执行数据库迁移，生成数据表。

```
python manage.py migrate
```

运行结果如图 2-21 所示。

② 执行如下命令创建超级管理员用户。

```
python manage.py createsuperuser
```

效果如图 2-22 所示。

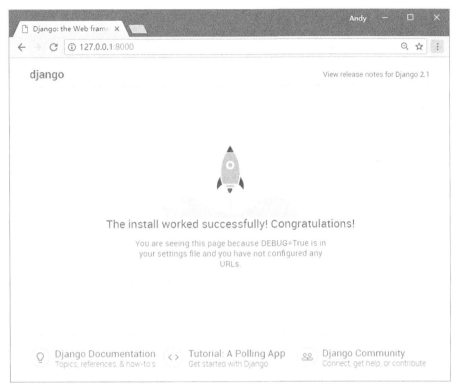

图 2-20　Django 页面

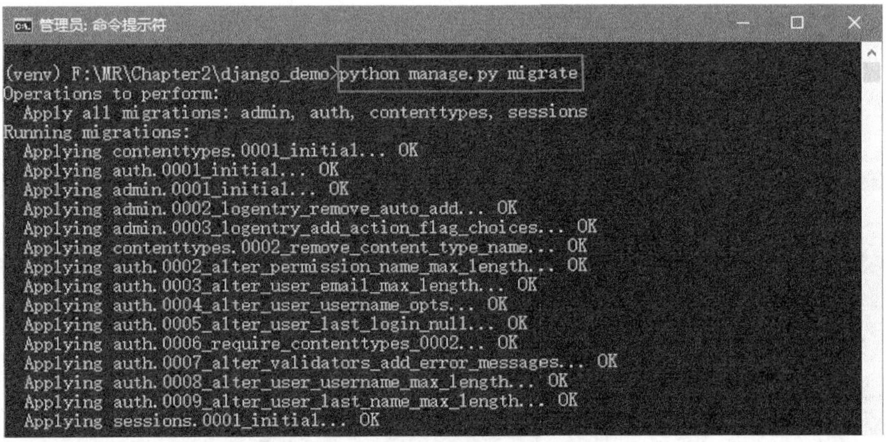

图 2-21　执行数据库迁移生成数据表

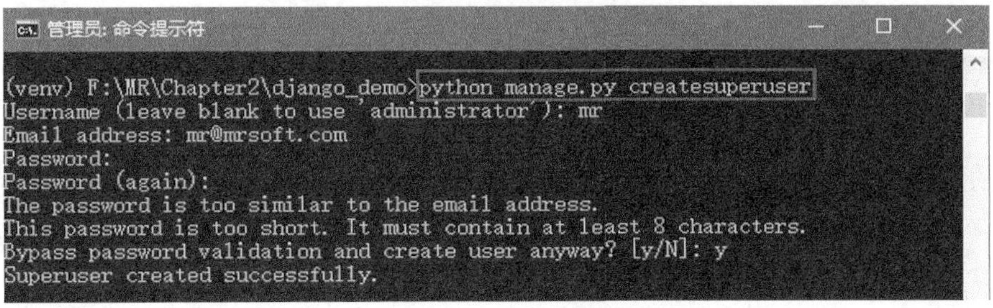

图 2-22　为 Django 项目创建账户和密码

> 执行完命令后,需要用户根据提示信息填写"用户名""邮箱""密码"和"确认密码",如果以上填写内容的格式错误,控制台会提示相应的错误信息。

③ 重新启动服务器,在浏览器中访问"127.0.0.1:8000/admin",即可进入后台登录页面,如图 2-23 所示。输入前面创建的用户名和密码,单击 "login" 按钮,即可进入后台的管理界面,如图 2-24 所示。

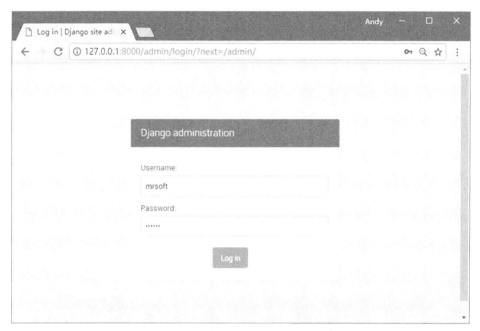

图 2-23 后台登录页面

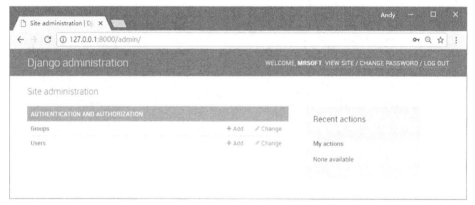

图 2-24 Django 项目后台管理界面

2.3.3 创建一个 App

在 Django 项目中,推荐使用 App 来完成不同模块的任务,启用一个 App 非常简单,执行以下命令。

```
python manage.py startapp app1
```

创建一个 App

运行完成后，django_demo 目录下又多了一个 app1 的目录，如图 2-25 所示。

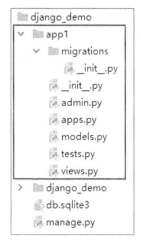

图 2-25　Django 项目的 App 目录结构

Django 项目中 App 目录的文件及说明如表 2-5 所示。

表 2-5　Django 项目中 App 目录的文件及说明

文件	说明
migrations	执行数据库迁移生成的脚本
admin.py	配置 Django 管理后台的文件
apps.py	单独配置添加的每个 App 的文件
models.py	创建数据库数据模型对象的文件
tests.py	用来编写测试脚本的文件
views.py	用来编写视图控制器的文件

接下来，激活名为 app1 的 App，否则 app1 内的文件都不会生效。激活方式非常简单，在"django_demo/settings.py"配置文件中，找到 INSTALLED_APPS 列表，添加"app1"，效果如图 2-26 所示。

```
33  INSTALLED_APPS = [
34      'django.contrib.admin',
35      'django.contrib.auth',
36      'django.contrib.contenttypes',
37      'django.contrib.sessions',
38      'django.contrib.messages',
39      'django.contrib.staticfiles',
40      'app1',
41  ]
```

图 2-26　将创建的 App 添加到 settings.py 配置文件中

2.3.4　数据模型

1. 在 App 中添加数据模型（models）

在 app1 的 models.py 中添加如下代码。

数据模型

```python
from django.db import models

# Create your models here.
class Person(models.Model):
    """
    编写Person模型类,数据模型应该继承于models.Model或其子类
    """
    # 第一个字段使用models.CharField类型
    first_name = models.CharField(max_length=30)
    # 第二个字段使用models.CharField类型
    last_name = models.CharField(max_length=30)
```

Person 模型中每一个属性都指明了 models 下面的一个数据类型,代表了数据库中的一个字段。

上面的类在数据库中会创建如下的表。

```sql
CREATE TABLE myapp_person (
    "id" serial NOT NULL PRIMARY KEY,
    "first_name" varchar(30) NOT NULL,
    "last_name" varchar(30) NOT NULL
);
```

对于一些公有的字段,为了优雅地简化代码,可以使用如下的实现方式。

```python
from django.db import models

class CreateUpdate(models.Model):    # 创建抽象数据模型,同样要继承于models.Model
    # 创建时间,使用models.DateTimeField
    created_at = models.DateTimeField(auto_now_add=True)
    # 修改时间,使用models.DateTimeField
    updated_at = models.DateTimeField(auto_now=True)
    class Meta:   # 元数据,除了字段以外的所有属性
        # 设置model为抽象类。指定该表不应该在数据库中创建
        abstract = True

class Person(CreateUpdate):          # 继承CreateUpdate基类
    """
    编写Person模型类,数据模型应该继承于models.Model或其子类
    """
    # 第一个字段使用models.CharField类型
    first_name = models.CharField(max_length=30)
    #   第二个字段使用models.CharField类型
    last_name = models.CharField(max_length=30)

class Order(CreateUpdate):           # 继承CreateUpdate基类
    """
    编写Order模型类,数据模型应该继承于models.Model或其子类
    """
    order_id = models.CharField(max_length=30, db_index=True)
    order_desc = models.CharField(max_length=120)
```

这时需要创建日期和修改日期的数据模型都可以继承于 CreateUpdate 类。

在上面创建表时使用了 2 个字段类型:CharField 和 DateTimeField,它们分别表示字符串值类型和日期时间类型。此外, django.db.models 还提供了很多常见的字段类型,如表 2-6 所示。

表 2-6　Django 数据模型中常见的字段类型

字段类型	说明
AutoField	一个 id 自增的字段，但在创建表过程中，Django 会自动添加一个自增的主键字段
BinaryField	一个保存二进制源数据的字段
BooleanField	一个布尔值的字段，应该指明默认值，在管理后台中默认呈现为 CheckBox 形式
NullBooleanField	可以为 None 值的布尔值字段
CharField	字符串值字段，必须指明参数 max_length 值，在管理后台中默认呈现为 TextInput 形式
TextField	文本域字段，对于大量文本应该使用 TextField。在管理后台中默认呈现为 Textarea 形式
DateField	日期字段，代表 Python 中 datetime.date 的实例。在管理后台中默认呈现为 TextInput 形式
DateTimeField	日期时间字段，代表 Python 中的 datetime.datetime 实例。在管理后台中默认为呈现 TextInput 形式
EmailField	邮件字段，是 CharField 的实现，用于检查该字段值是否符合邮件地址格式
FileField	上传文件字段，在管理后台中默认呈现为 ClearableFileInput 形式
ImageField	图片上传字段，是 FileField 的实现。在管理后台中默认呈现为 ClearableFileInput 形式
IntegerField	整数值字段，在管理后台中默认呈现为 NumberInput 或者 TextInput 形式
FloatField	浮点数值字段，在管理后台中默认呈现为 NumberInput 或者 TextInput 形式
SlugField	只保存字母、数字、下画线和连接符，用于生成 URL 的短标签
UUIDField	保存一般统一标识符的字段，代表 Python 中 UUID 的实例，建议提供默认值 default
ForeignKey	外键关系字段，需提供外检的模型参数和 on_delete 参数（指定当该模型实例删除时，是否删除关联模型），如果要外键的模型出现在当前模型的后面，需要在第一个参数中使用单引号'Manufacture'
ManyToManyField	多对多关系字段，与 ForeignKey 类似
OneToOneField	一对一关系字段，常用于扩展其他模型

2．执行数据库迁移

创建完数据模型后，开始做数据库迁移。如果不使用 Django 默认自带的 sqlite 数据库，而是使用当下比较强大的 MySQL 数据库，那么，需要在 "django_demo/settings.py" 配置文件进行如下修改。将

```
DATABASES = {
    'default': {
        'ENGINE': 'django.db.backends.sqlite3',
        'NAME': os.path.join(BASE_DIR, 'db.sqlite3'),
    }
}
```

修改为：

```
DATABASES = {
    'default': {
        'ENGINE': 'django.db.backends.mysql',
```

```
            'NAME': 'demo',  # 数据库名称
            'USER': 'root',  # 数据库用户名
            'PASSWORD': 'root'  # 数据库密码
        }
    }
```

 请确保已经成功安装 MySQL。

因为在上面的配置中，设置数据库名称为"demo"，所以，接下来需要创建一个名为 demo 的数据库并安装 MySQL 驱动。步骤如下。

（1）创建数据库，打开一个新的 cmd 终端，执行以下命令。

```
mysql -u root -p
```

按照提示输入数据库密码，连接成功执行如下语句创建数据库。

```
create database demo default character set utf8;
```

操作步骤如图 2-27 所示。

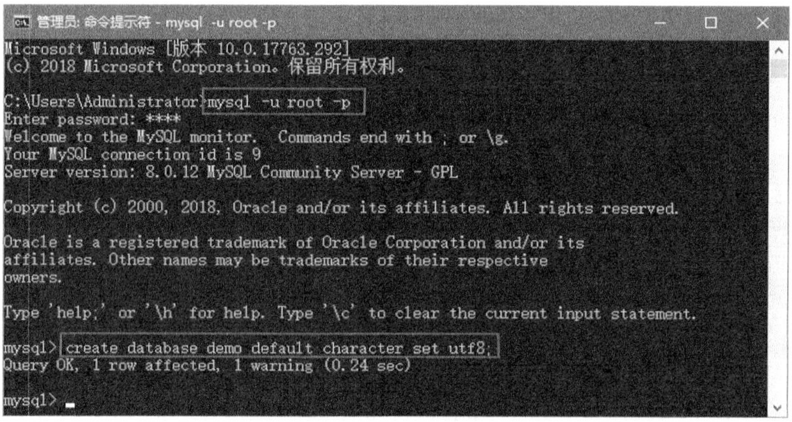

图 2-27 创建数据库

（2）安装数据库的驱动。在 venv 虚拟环境下，使用 pymysql 作为 MySQL 的驱动，安装 pymysql 的命令如下。

```
pip install pymysql
```

安装成功后如图 2-28 所示。

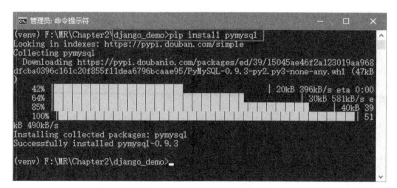

图 2-28 安装 pymysql

（3）找到 "django_demo__init__.py" 文件，在行首添加如下代码。

```
import pymysql
pymysql.install_as_MySQLdb()          # 为了使pymysql发挥最大的数据库操作性能
```

（4）再执行以下命令，用来创建数据表。

```
python manage.py makemigrations       # 生成迁移文件
python manage.py migrate              # 迁移数据库，创建新表
```

创建数据表的效果如图 2-29 所示。

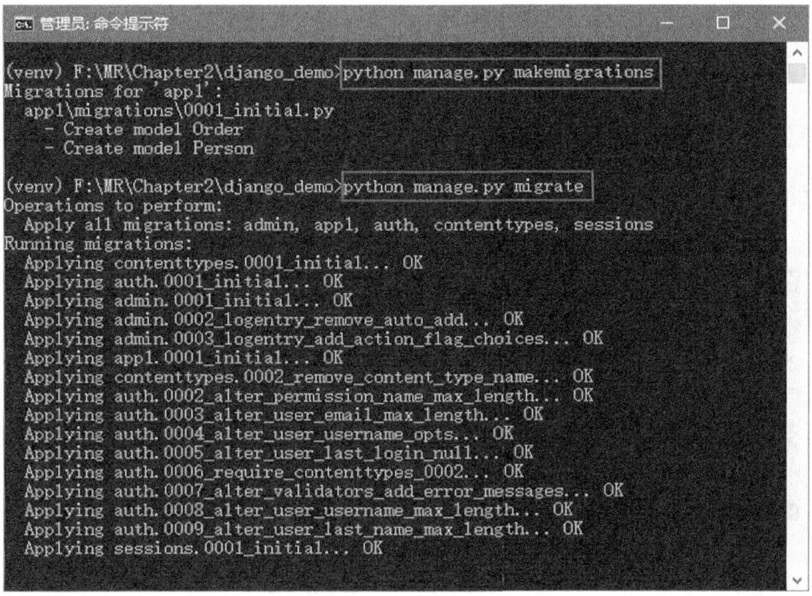

图 2-29　创建数据表

创建完成后，即可在数据库中查看这两张数据表了，Django 会默认按照 App 名称+下画线+模型类名称小写的形式创建数据表，对于上面这两个模型，Django 创建了如下表。

- Person 类对应 app1_person 表。
- Order 类对应 app1_order 表。

而 CreateUpdate 是个抽象类，不会创建表结构，在数据库管理软件中查看新创建的数据表，效果如图 2-30 所示。

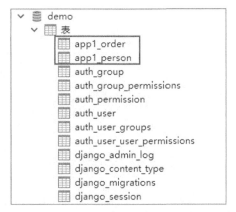

图 2-30　在数据库管理软件中查看新创建的数据表

3. 了解 Django 数据 API

本节所有的命令将在 Django 的交互命令行中执行，在项目根目录下启用交互命令行，执行以下命令。

```
python manage.py shell   # 启用交互命令行
```

导入数据模型命令如下。

```
from app1.models import Person, Order   # 导入Person和Order两个类
```

（1）创建数据

添加数据有两种方法，分别如下。

① 方法1

```
p = Person.objects.create(first_name="andy", last_name="feng")
```

② 方法2

```
p=Person(first_name="andy", last_name="冯")
p.save()    # 必须调用save()才能写入数据库
```

操作步骤如图2-31所示。

图2-31 交互模式下添加数据的方法

使用数据库管理软件查看 app1_person 表，发现新增2条记录，结果如图2-32所示。

图2-32 查看新增记录

（2）查询数据

① 查询所有数据

```
Person.objects.all()
```

输出结果如下。

```
<QuerySet [<Person: Person object (1)>, <Person: Person object (2)>]>
```

② 查询单个数据。

```
Person.objects.get(id =1)   # 括号内需要加入确定的条件，因为get方法只返回一个确定值
```

输出结果如下。

```
<Person: Person object (1)>
```

③ 查询指定条件的数据。

```
Person.objects.filter(first_name__exact="andy")   # 指定first_name字段值必须为andy
```

输出结果如下。

```
<QuerySet [<Person: Person object (1)>, <Person: Person object (2)>]>
Person.objects.filter(id__gt=1)    # 查找所有id值大于1的
Person.objects.filter(id__lt=100)  # 查找所有id值小于100的
#排除所有创建时间大于现在时间的，exclude的用法是排除，和filter正好相反
Person.objects.exclude(created_at__gt=datetime.datetime.now(tz=datetime.timezone.utc))
#过滤出所有first_name字段值包含h的，然后将之前的查询结果按照id进行排序
Person.objects.filter(first_name__contains="a").order_by("id")
Person.objects.exclude(first_name__icontains="a")  #查询所有first_name值不包含a的记录
```

（3）修改查询到的数据

修改之前需要查询到对应的数据或者数据集，代码如下。

```
p = Person.objects.get(id=1)
```

然后按照需求进行修改，例如：

```
p.first_name = "jack"
p.last_name = "ma"
p.save()
```

必须调用 save 方法才能保存到数据库。

当然也可以使用 get_or_create，如果数据存在就修改，不存在就创建，代码如下。

```
p, is_created = Person.objects.get_or_create(
    first_name="jackie",
    defaults={"last_name": "chan"}
)
```

get_or_create 返回一个元组、一个数据对象和一个布尔值，defaults 参数是一个字典。当获取数据时，defaults 参数中的值不会被传入，也就是获取的对象只存在 defaults 之外的关键字参数的值。

（4）删除数据

删除数据同样需要先查找到对应的数据，然后删除，代码如下。

```
Person.objects.get(id=1).delete()
```

运行结果如下。

```
(1,({'app1.Person':1}))
```

按 Ctrl+C 组合键可以退出 shell 交互模式。

2.3.5 管理后台

定义好数据模型，就可以配置管理后台了，按照如下代码编辑 app1 下的 admin.py 文件。

```
from django.contrib import admin  # 引入admin模块
from app1.models import Person, Order  # 引入数据模型类


class PersonAdmin(admin.ModelAdmin):
    """
```

管理后台

```
    创建PersonAdmin类,继承于admin.ModelAdmin
    """
    # 配置展示列表,在Person板块下的列表展示
    list_display = ('first_name', 'last_name')
    # 配置过滤查询字段,在Person板块下的右侧过滤框
    list_filter = ('first_name', 'last_name')
    # 配置可以搜索的字段,在Person板块下的右侧搜索框
    search_fields = ('first_name',)
    # 配置只读字段展示,设置后该字段不可编辑
    readonly_fields = ('created_at', 'updated_at')
# 绑定Person模型到PersonAdmin管理后台
admin.site.register(Person, PersonAdmin)
```

配置完成后,启动开发服务器,访问 http://127.0.0.1:8000/admin,单击 "App1" → "Persons",效果如图 2-33 所示。

图 2-33　Django 项目后台管理页面

2.3.6　路由

简而言之,Django 的路由(urls)系统的作用就是使 views 中处理数据的函数与请求的 URL 建立映射关系。使请求到来之后,根据 urls.py 中的关系条目,查找到与请求对应的处理方法,从而返回给客户端 HTTP 页面数据。执行流程如图 2-34 所示。

路由

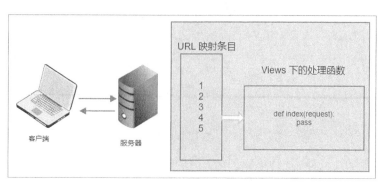

图 2-34　URL 映射流程

Django 项目中的 URL 规则定义放在 project 的 urls.py 目录下，默认如下。

```
from django.conf.urls import url
from django.contrib import admin

urlpatterns = [
    url(r'^admin/', admin.site.urls),
]
```

url()函数可以传递 4 个参数，其中 2 个是必需的：regex 和 view，以及 2 个可选的参数 kwargs 和 name。下面介绍每个参数的含义。

regex。regex 是正则表达式的通用缩写，它是一种匹配字符串或 URL 地址的语法。Django 根据用户请求的 URL 地址，在 urls.py 文件中对 urlpatterns 列表中的每一项条目从头开始进行逐一对比，一旦遇到匹配项，就立即执行该条目映射的视图函数或二级路由，其后的条目将不再继续匹配。因此，URL 路由的编写顺序至关重要！

需要注意的是，regex 不会匹配 GET 或 POST 参数或域名，例如，对于 https://www.example.com/myapp/，regex 只尝试匹配 myapp/；对于 https://www.example.com/myapp/?page=3，regex 也只尝试匹配 myapp/。

如果读者想深入研究正则表达式，可以读一些相关的书籍或专论，但是在 Django 的实践中，读者不需要多高深的正则表达式知识。

- view。当正则表达式匹配到某个条目时，自动将封装的 HttpRequest 对象作为第一个参数，正则表达式"捕获"到的值作为第二个参数，传递给该条目指定的视图。如果是简单捕获，那么捕获值将作为一个位置参数进行传递，如果是命名捕获，那么将作为关键字参数进行传递。
- kwargs。任意数量的关键字参数可以作为一个字典传递给目标视图。
- name。对 URL 进行命名，可以在 Django 的任意处，尤其是模板内显式地引用它。相当于给 URL 取了个全局变量名。只需要修改这个全局变量的值，即可在整个 Django 中引用它的地方也将同样获得改变。

下面通过一个例子来介绍 Django 路由的 URL 匹配方式。步骤如下。

（1）在项目 URL 配置文件 django_demo/urls.py 中添加如下代码。

```
urlpatterns = [
    path('admin/',admin.site.urls),
    path('app1/', include('app1.urls'))   # 引入app1模块下的一组路由
]
```

（2）在 app1 目录下创建 urls.py 文件定义路由规则，代码如下。

```
from django.urls import path,re_path
from app1 import views as views

urlpatterns = [
    path('index',views.index), # 精确匹配
    path('article/<int:id>', views.article), # 匹配一个参数
    path('articles/<int:year>/<int:month>/<slug:slug>/', views.article_detail),
    # 匹配两个参数和一个slug
    re_path('articles/(?P<year>[0-9]{4})/', views.year_archive),#正则匹配4个字符的年份
]
```

在上述代码中，列举了比较常见的几种 URL 匹配模式。其中<类型：变量名>是格式转换模式，例如，

<int:id>将用户 URL 中的 id 参数自动转化为整型数据，否则默认为字符串型数据。

此外，re_path()函数表示使用正则表达式模式，可以通过<>提取变量作为处理函数的参数。表达的全部是 str 格式，不能是其他类型。在使用正则表达式时，有两种形式，分别如下。

不提取参数：比如 re_path(articles/([0-9]{4})/，表示 4 位数字，每一个数字都是 0～9 的任意数字。

提取参数：命名形式（？P<name>pattern），比如 re_path（articles/(?P<year>[0-9]{4})/，将正则表达式提取的 4 位数字，每一个数字都是 0～9 的任意数字命名为 year。

（3）在 app1/views.py 文件中编写视图函数，代码如下。

```
from django.shortcuts import render
from django.http import HttpResponse

def index(request):
    return HttpResponse("Hello World")

def article(request,id):
    content = "This article's id is {}".format(id)
    return HttpResponse(content)

def article_detail(request,year,month,slug):
    content = 'the year is %s , the month is %s , the slug is %s.'.format(year,month,slug)
    return HttpResponse(content)

def year_archive(request,year):
    return HttpResponse(year)
```

完成以上步骤后，即可根据路由信息，在浏览器中输入相应 URL 查看运行效果。例如，使用浏览器访问网址"http://127.0.0.1:8000/app1/articles/2019/03/python"，运行效果如图 2-35 所示。

图 2-35　URL 匹配参数

表单

2.3.7　表单

在 app1 文件夹下创建一个表单（forms）文件 forms.py，添加如下类代码。

```
from django import forms
class PersonForm(forms.Form):
    first_name = forms.CharField(label='你的名字', max_length=20)
    last_name = forms.CharField(label='你的姓氏', max_length=20)
```

上面定义了一个 PersonForm 表单类，两个字段类型为 forms.CharField，类似于 models.CharField，first_name 是指字段的 label 为你的名字，并且指定该字段最大长度为 20 个字符。max_length 参数可以指定 forms.CharField 的验证长度。

PersonForm 类将呈现为下面的 HTML 代码。

```
<label for="你的名字">你的名字: </label>
<input id="first_name" type="text" name="first_name" maxlength="20" required />
<label for="你的姓氏">你的姓氏: </label>
<input id="last_name" type="text" name="last_name" maxlength="20" required />
```

表单类 forms.Form 有一个 is_valid() 方法，可以在 views.py 中验证提交的表单是否符合规则。

对于提交的内容，在 views.py 编写如下代码。

```python
from django.shortcuts import render
from django.http import HttpResponse, HttpResponseRedirect
from app1.forms import PersonForm

def get_name(request):
    # 判断请求方法是否为POST
    if request.method == 'POST':
        # 将请求数据填充到PersonForm实例中
        form = PersonForm(request.POST)
        # 判断form是否为有效表单
        if form.is_valid():
            # 使用form.cleaned_data获取请求的数据
            first_name = form.cleaned_data['first_name']
            last_name = form.cleaned_data['last_name']
            # 响应拼接后的字符串
            return HttpResponse(first_name + '' + last_name)
        else:
            return HttpResponseRedirect('/error/')
    # 请求为GET方法
    else:
        return render(request, 'name.html', {'form': PersonForm()})
```

那么在 HTML 文件中如何使用这个返回的表单呢？代码如下。

```html
<form action="/app1/get_name" method="post"> {% csrf_token %}
    {{ form }}
    <button type="submit">提交</button>
</form>
```

{{form}}是 Django 模板的语法，用来获取页面返回的数据，因为这个数据是一个 PersonForm 实例，所以 Django 就按照规则渲染表单。

但是请注意，渲染的表单只是表单的字段如上面 PersonForm 呈现的 HTML 代码，所以要在 HTML 中手动写出<form></form>标签，并指出它需要提交的路由/app1/get_name 和请求的方法 post。并且，form 标签的后面需要加上 Django 的防止跨站请求伪造模板标签{% csrf_token %}。简单的一个标签，就很好地解决了 form 表单提交出现跨站请求伪造攻击的情况。

添加 URL 到创建的 app1/urls.py 中，代码如下。

```python
path('get_name', app1_views.get_name)
```

此时访问页面 http://127.0.0.1:8000/app1/get_name，效果如图 2-36 所示。

图 2-36 在 Django 项目中创建表单

2.3.8 视图

下面通过一个例子讲解如何在 Django 项目中定义视图（views），代码如下。

```python
from django.http import HttpResponse   # 导入响应对象
```

视图

```python
import datetime  # 导入时间模块

def current_datetime(request):  # 定义一个视图方法,必须带有请求对象作为参数
    now = datetime.datetime.now()  # 请求的时间
    html = "<html><body>It is now %s.</body></html>" % now  # 生成HTML代码
    return HttpResponse(html)  # 将响应对象返回,数据为生成的HTML代码
```

上面的代码定义了一个函数,返回了一个 HttpResponse 对象,这就是 Django 的基于函数的视图(Function-Based View, FBV)。每个视图函数都要有一个 HttpRequest 对象作为参数,用来接收来自客户端的请求,并且必须返回一个 HttpResponse 对象,作为响应给客户端。

django.http 模块下有诸多继承于 HttpReponse 的对象,其中大部分在开发中都可以利用到。例如,想在查询不到数据时,给客户端返回一个 HTTP 404 的错误页面。可以利用 django.http 下面的 Http404 对象,代码如下。

```python
from django.shortcuts import render
from django.http import HttpResponse, HttpResponseRedirect, Http404
from app1.forms import PersonForm
from app1.models import Person

def person_detail(request, pk):  # url参数pk
    try:
        p = Person.objects.get(pk=pk)  # 获取Person数据
    except Person.DoesNotExist:
        raise Http404('Person Does Not Exist')  # 获取不到,抛出Http404错误页面
    return render(request, 'person_detail.html', {'person': p})  # 返回详细信息视图
```

在浏览器输入 http://127.0.0.1:8000/app1/person_detail/100/,会抛出异常,效果如图 2-37 所示。

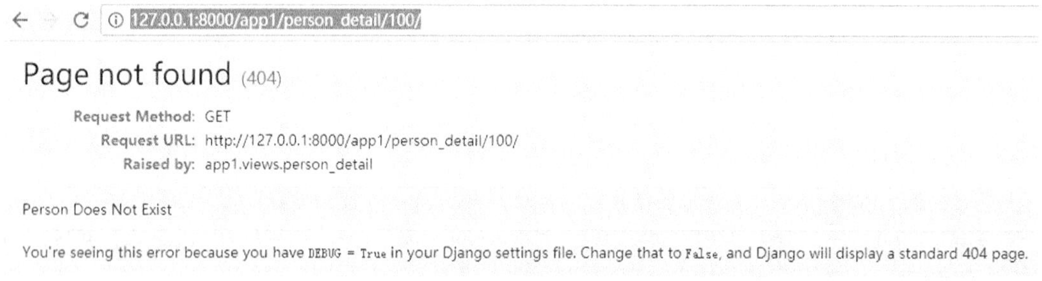

图 2-37 定义 HTTP 404 错误页面

上面是一个基于函数的视图示例,下面讲解一个基于类的视图实例(CBV),基于类的视图非常简单,和基于函数的视图大同小异。首先定义一个类视图,这个类视图需要继承一个基础的类视图,所有的类视图都继承自 views.View,还有其他的类视图如 TemplateView、ListView 等。类视图的初始化参数需要给出。将上面的 get_name() 方法改成基于类的视图,代码如下。

```python
from django.shortcuts import render
from django.http import HttpResponse, HttpResponseRedirect, Http404
from django.views import View
from app1.forms import PersonForm
from app1.models import Person

class PersonFormView(View):
    form_class = PersonForm  # 定义表单类
    initial = {'key': 'value'}  # 定义表单初始化展示参数
```

```
    template_name = 'name.html'    # 定义渲染的模板

    def get(self, request, *args, **kwargs):    # 定义GET请求的方法
        return render(request, self.template_name, {'form': self.form_class(initial=self.initial)})
        # 渲染表单

    def post(self, request, *args, **kwargs):    # 定义POST请求的方法
        form = self.form_class(request.POST)    # 填充表单实例
        if form.is_valid():    # 判断请求是否有效
            # 使用form.cleaned_data获取请求的数据
            first_name = form.cleaned_data['first_name']
            last_name = form.cleaned_data['last_name']
            # 响应拼接后的字符串
            return HttpResponse(first_name + '' + last_name)    # 返回拼接的字符串
        return render(request, self.template_name, {'form': form})  # 如果表单无效,则返回表单
```

接下来定义一个 URL,代码如下。

```
from django.urls import path
from app1 import views as app1_views
urlpatterns = [
    path('get_name', app1_views.get_name),
    path('get_name1', app1_views.PersonFormView.as_view()),
    path('person_detail/<int:pk>/', app1_views.person_detail),
]
```

说明

form_class 是指定类使用的表单,template_name 是指定视图渲染的模板。

在浏览器中请求/app1/get_name1,会调用 PersonFormViews 视图的方法,如图 2-38 所示。

图 2-38　请求定义的视图

输入 hugo 和 zhang,并单击"提交"按钮,效果如图 2-39 所示。

图 2-39　请求视图结果

Django 模板

2.3.9　Django 模板

Django 指定的模板引擎在 settings.py 文件中定义,代码如下。

```
TEMPLATES = [{
    'BACKEND': 'django.template.backends.django.DjangoTemplates',
    # 模板引擎,默认为Django模板
    'DIRS': [],            # 模板所在的目录
    'APP_DIRS': True,      # 是否启用App目录
```

```
        'OPTIONS': {
        },
    },
]
```

下面通过一个简单的例子，介绍如何使用模板，代码如下。

```
{% extends "base_generic.html" %}
{% block title %}{{ section.title }}{% endblock %}
{% block content %}
<h1>{{ section.title }}</h1>
{% for story in story_list %}
<h2>
  <a href="{{ story.get_absolute_url }}">
    {{ story.headline|upper }}
  </a>
</h2>
<p>{{ story.tease|truncatewords:"100" }}</p>
{% endfor %}
{% endblock %}
```

Django 模板引擎使用{%%}来描述 Python 语句区别于 HTML 标签，使用{{}}来描述 Python 变量。上面代码中的标签及说明如表 2-7 所示。

表 2-7　Django 模板引擎中的标签说明

标签	说明
{% extends 'base_generic.html'%}	扩展一个母模板
{%block title%}	指定母模板中的一段代码块，此处为 title，在母模板中定义 title 代码块，可以在子模板中重写该代码块。block 标签必须是封闭的，要由{% endblock %}结尾
{{section.title}}	获取变量的值
{% for story in story_list %}、{% endfor %}	和 Python 中的 for 循环用法相似，必须是封闭的

Django 模板的过滤器非常实用，用来将返回的变量值做一些特殊处理，常用的过滤器如下。

- {{value|default: "nothing"}}：用来指定默认值。
- {{value|length}}：用来计算返回的列表或者字符串长度。
- {{value|filesizeformat}}：用来将数字转换成人类可读的文件大小，如 13KB、128MB 等。
- {{value|truncatewords:30}}：用来将返回的字符串取固定的长度，此处为 30 个字符。
- {{value|lower}}：用来将返回的数据变为小写字母。

2.4　Tornado 框架的使用

Tornado 是一个 Python web 框架和异步网络库，起初由 FriendFeed 开发，通过使用非阻塞网络 I/O，Tornado 可以支撑上万级的连接，处理长连接、WebSockets 和其他需要与每个用户保持长久连接的应用。

安装 Tornado

2.4.1　安装 Tornado

可以使用 pip 工具安装 Tornado。在 venv 虚拟环境下，输入如下命令安装 Tornado。

```
pip install -U tornado
```
安装成功的效果如图 2-40 所示。

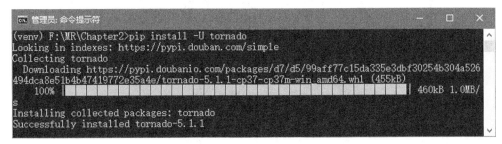

图 2-40　安装 Tornado

2.4.2　编写第一个 Tornado 程序

【例 2-7】　编写第一个 Tornado 程序，同样在网页中输出"Hello World!"。（实例位置：资源包\Code\ Chapter2\tornado_demo）

编写第一个
Tornado 程序

步骤如下。

（1）创建一个名为"tornado_demo"的文件夹。

在"tornado_demo/"目录下，创建一个名为"hello.py"的 Python 文件，代码如下。

```
import tornado.ioloop  # 导入ioloop 模块
import tornado.web     # 导入web 模块


class MainHandler(tornado.web.RequestHandler):
    ''' GET请求 '''
    def get(self):
        self.write("Hello World !") # 输出字符串


def make_app():
    ''' 创建Tornado应用 '''
    return tornado.web.Application([
        (r"/", MainHandler),   # 设置路由
    ])

if __name__ == "__main__":
    app = make_app() # 创建Tornado应用
    app.listen(8888) # 设置监听端口
    print('Starting server on port 8888...') # 输出提示信息
    tornado.ioloop.IOLoop.current().start() # 启动服务
```

（2）输入"python hello.py"，启动 Tornado，如图 2-41 所示。

图 2-41　启动 Tornado

（3）在浏览器中输入完整的"127.0.0.1:8888"，运行结果如图2-42所示。

图 2-42　输出 Hello World!

在 hello.py 文件中，通过简单的几行代码就可以在浏览器中输出"Hello World"，那么 Tornado 是如何做到的呢？下面介绍 app.py 文件中的代码含义。

（1）导入 Tornado 的 ioloop 和 web 模块。ioloop 是主事件循环模块，web 是 Web 框架模块。

（2）定义一个 MainHandler 类。在该类下定义 get() 方法用于接收 GET 请求操作。

（3）定义 make_app() 函数，用于创建 Tornado 应用，并且设置路由信息。

（4）在 if __name__ == '__main__' 下，调用 make_app() 方法创建 Tornado 应用，并使用 listen() 方法设置监听端口，调用 ioloop 模块下的 start() 方法启动服务。

以上就是创建 Tornado 程序的基本流程。

2.4.3　路由

路由

在第一个 Tornado 程序中，访问"http://127.0.0.1/"时，程序会执行 MainHandler 类的 get() 方法，这是因为在 make_app() 函数中设置了如下代码。

```
tornado.web.Application([
    (r"/", MainHandler),    # 设置路由
])
```

在上述代码中，Application() 格式如下。

```
tornado.web.Application(handlers=None, default_host=None, transforms=None, **settings)
```

重点介绍与路由相关的第一个参数 handlers（处理器）。它是一个由元组组成的列表，其中每个元组的第一个元素是一个用于匹配的正则表达式，第二个元素是一个 RequestHanlder 类。在 hello.py 中，只指定了一个正则表达式"/"对应 MainHandler，此外还可以根据需要指定任意多个。例如：

```
tornado.web.Application(handlers =[
    (r"/", MainHandler),
    (r"/index", IndexHandler),
    (r"/shop", ShopHandler),
])
```

Tornado 在元组中使用正则表达式来匹配 HTTP 请求的路径（这个路径是 URL 中主机名后面的部分，不包括查询字符串和碎片）。Tornado 把这些正则表达式看作已经包含了行开始和结束锚点（即字符串"/"被看作"^/$"）。例如：

```
tornado.web.Application(handlers =[
(r'/question/update/(\d+)', QuestionUpdateHandler),    # 更新问题
(r'/question/detail/(\d+)', QuestionDetailHandler),    # 问题详情
(r'/question/delete/(\d+)', QuestionDeleteHandler),    # 删除问题
(r'/question/filter/(\w+)', QuestionFilterHandler),    # 过滤问题
(r'/pics/(.*?)$', StaticFileHandler),    # 静态文件
])
```

2.4.4 HTTP 方法

Tornado 同样支持表 2-2 中的 HTTP 方法。在 hello.py 文件中定义了一个 MainHandler 类，使其继承 tornado.web.RequestHandler 父类。RequestHandler 提供了如下方法。

HTTP 方法

```
RequestHandler.get(*args, **kwargs)
RequestHandler.head(*args, **kwargs)
RequestHandler.post(*args, **kwargs)
RequestHandler.delete(*args, **kwargs)
RequestHandler.patch(*args, **kwargs)
RequestHandler.put(*args, **kwargs)
RequestHandler.options(*args, **kwargs)
```

所以，只需在自定义的操作类中创建对应方法，即可实现增删改查等功能。例如，创建一个既可以接收 GET 请求，又可以接收 POST 请求的 LoginHandler 类，关键代码如下。

```
class LoginHandler(tornado.web.RequestHandler):
    def get(self):
        self.write("This is login page")

    def post(self):
        username = self.get_argument('username', '')     # 接收用户名参数
        password = self.get_argument('password', '')     # 接收密码参数
        self.write("username is {}, password is {}".format(username,password ))

def make_app():
    ''' 创建Tornado应用 '''
    return tornado.web.Application(
        handlers =[
            (r"/", MainHandler),           # 设置路由
            (r"/login",LoginHandler)],     # 设置登录页路由
        debug = True # 开启调试模式
    )
```

在浏览器中访问 "http://127.0.0.1:8888/login"，即以 GET 方式请求服务器，运行效果如图 2-43 所示。

图 2-43　GET 方式请求效果

接下来，打开另一个终端窗口，使用 cURL 工具测试 POST 请求，运行结果如图 2-44 所示。

图 2-44　POST 方式请求效果

cURL 是一个利用 URL 语法在命令行下工作的文件传输工具,使用 cURL 前需要先安装 cURL 并配置环境变量。

2.4.5 模板

模板

Flask 和 Django 框架有模板,Tornado 自身也提供了一个轻量级、快速并且灵活的模板语言。使用模板可以简化 Web 页面,并且提高代码的可读性。

使用模板时,需要先在应用中设置 template_path 模板路径,然后使用 render()函数渲染模板。下面,按照如下步骤渲染登录页面的模板。

(1)设置模板路径。关键代码如下。

```
def make_app():
    ''' 创建Tornado应用 '''
    return tornado.web.Application(
        handlers =[
            (r"/", MainHandler),           # 设置路由
            (r"/login",LoginHandler)],     # 设置登录页路由
        debug = True,  # 开启调试模式
        template_path = os.path.join(os.path.dirname(__file__), "templates"), # 设置模板路径
    )
```

在上述代码中,将 template_path 模板路径设置为当前路径同级的 templates 文件夹。

(2)创建 template 文件夹,在该文件夹下创建一个 login.html 文件,关键代码如下。

```
<form class="form-horizontal" action="" method="post">
  <div class="form-group">
    <label for="username" class="col-sm-2 control-label">用户名</label>
    <div class="col-sm-10">
      <input type="text" class="form-control" id="username" name="username" placeholder="请输入用户名">
    </div>
  </div>
  <div class="form-group">
    <label for="password" class="col-sm-2 control-label">密  码</label>
    <div class="col-sm-10">
      <input type="password" class="form-control" id="password" name="password" placeholder="请输入密码">
    </div>
  </div>
  <div class="form-group">
    <div class="col-sm-offset-2 col-sm-10">
      <button type="submit" class="btn btn-primary">登录</button>
    </div>
  </div>
</form>
```

在上述模板代码中,创建了一个 Form 表单,包含用户名和密码 2 个字段。单击"登录"按钮时,表单提交到 login.html 当前页面。

(3)使用 render()函数渲染模板。关键代码如下。

```
class LoginHandler(tornado.web.RequestHandler):
```

```
def get(self):
    self.render('login.html')
```

在上述代码中，render()函数参数"index.html"即对应 templates/index.html 文件。

在浏览器中访问"http://127.0.0.1:8888/loign"，运行效果如图 2-45 所示。

在登录页面中，输入用户名"mrsoft"，输入密码"123456"，然后单击"登录"按钮提交表单，运行效果如图 2-46 所示。

图 2-45　登录页面

图 2-46　登录后效果

小　结

本章首先介绍了什么是 Web 框架和 Python 中常用的 Web 框架，然后重点介绍 Flask 框架、Django 框架和 Tornado 框架。这 3 个框架有非常多通用的内容。例如，都在虚拟环境中使用 pip 工具安装，都有路由模板等内容。读者在学习的过程中，要融会贯通，举一反三。此外，在选择框架进行 Web 开发时，要结合项目的特点选择合适的框架。

习　题

2-1　简述什么是 Web 框架。

2-2　简述 Python 中常用的几个 Web 框架及它们的特点。

第3章

案例1：基于Flask的在线学习笔记

- 杨绛在《钱锺书是怎样做读书笔记的》一文中写到："许多人说，钱锺书记忆力特强，过目不忘。他本人却并不以为自己有那么'神'。他只是好读书，肯下功夫，不仅读，还做笔记；不仅读一遍两遍，还会读三遍四遍，笔记上不断地添补。所以他读的书虽然很多，也不易遗忘。"由此可见记笔记的重要性。
- 对于程序员而言，编程技术浩如烟海，新技术又层出不穷，对知识消化吸收并不易遗忘的最佳方式就是记录学习笔记。而程序员又是一个特别的群体，喜欢使用互联网的方式记录笔记，所以，本章带领大家开发一个基于Flask的在线学习笔记。

本章要点

- 使用WTForms进行表单验证
- 使用PyMySQL驱动MySQL
- 使用MySQL的增删改查操作
- 使用装饰器实现登录验证
- 使用Passlib库加密
- 使用CKEditor文本编辑器
- 使用Bootstrap 前端框架

3.1 需求分析

项目配置使用说明

需求分析

在线学习笔记应具备具有以下功能。
- 每个用户可以注册会员，记录自己的学习笔记。
- 完整的会员管理模块，包括用户注册、用户登录和退出登录等功能。
- 完整的笔记管理模块，包括添加笔记、编辑笔记、删除笔记等。
- 完善的会员权限管理，只有登录的用户才能访问控制台，并且管理该用户的笔记。
- 响应式布局，用户在 Web 端和移动端都能达到较好的阅读体验。

3.2 系统设计

系统设计

3.2.1 系统功能结构

在线学习笔记的功能结构主要包括两部分：用户管理和笔记管理。详细的功能结构如图 3-1 所示。

图 3-1 系统功能结构

3.2.2 系统业务流程

用户访问在线学习笔记项目时，可以使用游客的身份浏览笔记首页，以及笔记内容。但是如果需要管理笔记（如添加笔记、编辑笔记等），那么必须先注册为网站会员，登录网站后才能执行相应的操作。系统业务流程如图 3-2 所示。

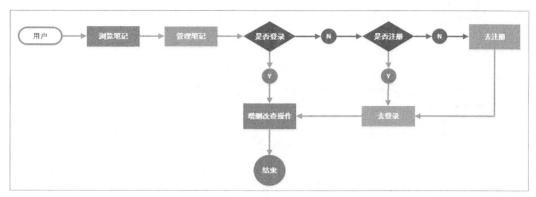

图 3-2 系统业务流程

3.2.3 系统预览

用户首次使用在线学习笔记时，需要注册新用户，效果如图 3-3 所示。注册成功后，页面跳转到登录页，用户输入用户名和密码进行登录，效果如图 3-4 所示。

图 3-3　用户注册　　　　　　图 3-4　用户登录

查看最新笔记运行效果如图 3-5 所示。

图 3-5　查看最新笔记

查看笔记内容运行效果如图 3-6 所示。

图 3-6　查看笔记内容

控制台管理页面运行效果如图 3-7 所示。

图 3-7　控制台管理

3.3　系统开发必备

系统开发必备

3.3.1　开发工具准备

本系统的开发软件及运行环境具体如下。
- 操作系统：Windows 7 及以上。
- 开发工具：PyCharm。
- 数据库： MySQL+PyMySQL 驱动。
- 第三方模块：WTForms、passlib。

3.3.2　文件夹组织结构

在线学习笔记项目的入口文件为 manage.py ，在入口文件中引入所需的各种包文件，项目文件组织结构如图 3-8 所示。

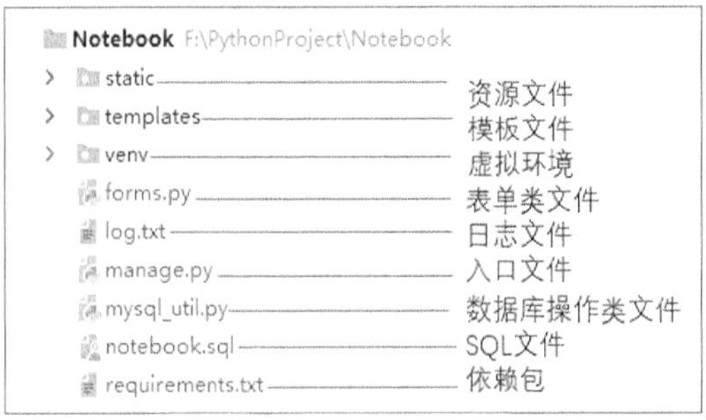

```
Notebook  F:\PythonProject\Notebook
  static                          资源文件
  templates                       模板文件
  venv                            虚拟环境
  forms.py                        表单类文件
  log.txt                         日志文件
  manage.py                       入口文件
  mysql_util.py                   数据库操作类文件
  notebook.sql                    SQL文件
  requirements.txt                依赖包
```

图 3-8　项目文件组织结构

3.3.3　项目使用说明

运行在线学习笔记项目，需要先执行如下步骤。

（1）使用 virtualenv 创建一个名为 venv 的虚拟环境，命令如下。

```
virtualenv venv
```

（2）启动 venv 虚拟环境，命令如下。

```
venv\Scripts\activate
```

（3）安装依赖包，命令如下。

```
pip install -r requirements.txt
```

（4）创建数据库。创建一个名为 notebook 的数据库，并执行 notebook.sql 中的 SQL 语句创建数据表。

（5）运行启动文件。执行如下命令。

```
python manage.py
```

运行成功后，访问 http://127.0.0.1:5000 即可进入在线学习笔记网站。

3.4　技术准备

技术准备

3.4.1　PyMySQL 模块

由于 MySQL 服务器以独立的进程运行，并通过网络对外服务，所以，需要支持 Python 的 MySQL 驱动来连接到 MySQL 服务器。在 Python 中支持 MySQL 的数据库模块有很多，本书选择使用简单方便的 PyMySQL 驱动。

1. 安装 PyMySQL

使用 pip 工具来安装 PyMySQL，安装方式非常简单，在 venv 虚拟环境下使用如下命令。

```
pip install PyMySQL
```

2. 连接 MySQL

接下来使用 PyMySQL 连接数据库。首先需要导入 PyMySQL 模块，然后使用 PyMSQL 的 connect()方法来连接数据库。关键代码如下。

```
import pymysql

# 打开数据库连接,参数1:主机名或IP；参数2:用户名；参数3:密码；参数4:数据库名称
db = pymysql.connect("localhost", "root", "root", "studyPython")
……省略部分代码
# 关闭数据库连接
```

```
db.close()
```
在上述代码中，重点关注 connect() 函数的参数。
```
db = pymysql.connect("localhost", "root", "root", "studyPython")
```
等价于下面的代码。
```
connection = pymysql.connect(
host='localhost',       # 主机名
                user='root',           # 用户名
                password='root',       # 密码
                db='studyPython'       # 数据库名称
)
```
此外，connect() 函数还有两个常用参数设置。

- charset:utf8，用于设置 MySQL 字符集为 UTF-8。
- cursorclass: pymysql.cursors.DictCursor，用于设置游标类型为字典类型，默认为元组类型。

3. PyMySQL 的基本使用

操作 MySQL 的基本流程如下。

连接 MySQL→创建游标→执行 SQL 语句→关闭连接

根据以上流程，通过下面的例子来熟悉 PyMySQL 的基本使用。代码如下。

```
import pymysql

# 打开数据库连接,参数1:主机名或IP；参数2:用户名；参数3:密码；参数4:数据库名称
db = pymysql.connect("localhost", "root", "root", "studyPython")
# 使用 cursor() 方法创建一个游标对象 cursor
cursor = db.cursor()
# 使用 execute() 方法执行 SQL 查询
cursor.execute("SELECT VERSION()")
# 使用 fetchone() 方法获取单条数据
data = cursor.fetchone()
print ("Database version : %s " % data)
# 关闭数据库连接
db.close()
```

在上述代码中，首先使用 connect() 方法连接数据库，然后使用 cursor() 方法创建游标，接着使用 excute() 方法执行 SQL 语句查看 MySQL 数据库版本，然后使用 fetchone() 方法获取数据，最后使用 close() 方法关闭数据库连接。运行结果如下。

```
Database version : 5.7.21-log
```

3.4.2 WTForms 模块

1. 下载安装

使用 pip 工具下载安装 WTForms 模块的方式比较简单，运行如下命令即可。

```
pip install WTForms
```

2. 主要概念

使用 WTForms 前，先了解 WTForms 中涉及的几个主要概念。

- Forms。Forms 类是 WTForms 的核心容器。表单（Forms）表示域（Fields）的集合，域能通过表单的字典形式或者属性形式访问。
- Fields。Fields（域）做最繁重的工作。每个域（Field）代表一个数据类型，并且域操作强制表单输入为相应的数据类型。例如，InputRequired 和 StringField 表示两种不同的数据类型。域除了包含的

数据之外,还包含大量有用的属性,如标签、描述、验证错误的列表。
- ❑ Validators。Validators(验证器)只是接受输入,验证它是否满足某些条件,比如字符串的最大长度,然后返回;或者,如果验证失败,则引发 ValidationError。这个系统非常简单和灵活,允许在字段上链接任意数量的验证器。
- ❑ Widget。Widget(组件) 的工作是渲染域(field)的 HTML 表示。每个域可以指定 Widget 实例,但每个域默认拥有一个合理的 Widget。
- ❑ CSRF(Cross-Site Request Forgery)。跨站请求伪造,也被称为 one-click attack 或者 session riding,通常缩写为 CSRF 或者 XSRF,是一种挟制用户在当前已登录的 Web 应用程序上执行非本意的操作的攻击方法。与跨网站脚本(Cross Site Script,XSS)相比,XSS 利用的是用户对指定网站的信任,CSRF 利用的是网站对用户网页浏览器的信任。

3. 基本使用

(1)创建表单类。代码如下。

```
from wtforms import Form, BooleanField, StringField, validators

class RegisterForm(Form):
    username     = StringField('Username', [validators.Length(min=4, max=25)])
    email        = StringField('Email Address', [validators.Length(min=6, max=35)])
    accept_rules = BooleanField('I accept the site rules', [validators.InputRequired()])
```

在上述代码中,定义了 3 个属性 username、email 和 accept_rules,它们对应表单中的 3 个字段。分别设置这些字段的类型以及验证规则。例如,username 是字符串类型数据,它的长度是 4~25 个字符。

(2)实例化表单类,验证表单。代码如下。

```
@app.route('/register', methods=['GET', 'POST'])
def register():
    form = RegisterForm(request.form) # 实例化表单类
    if request.method == 'POST' and form.validate(): # 如果提交表单,并字段验证通过
        # 获取字段内容
        email = form.email.data
        username = form.username.data
        accept_rules = form.accept.data
        # 省略其余代码

    return render_template('register.html', form=form) # 渲染模板
```

在上述代码中,使用 form.validate()函数来验证表单。如果用户填写的表单内容全部满足 RegisterForm 中 validators 设置的规则,结果返回 True,否则返回 False。此外,使用 form.email.data 来获取表单中用户填写的 email 值。

(3)在模板中渲染域。创建 register.html 文件的关键代码如下。

```
<form method="POST" action="/login">
    <div>{{ form.email.label }}: {{ form.email() }}</div>
<div>{{ form.username.label }}: {{ form.username() }}</div>
    <div>{{ form.accept_rules.label }}: {{ form.accept_rules() }}</div>
</form>
```

在上述代码中,使用 form.username.label 来获取 RegisterForm 类的 username 的名称,使用 form.username 来获取表单中的 username 域信息。

3.5 数据库设计

数据库设计

3.5.1 数据库概要说明

本项目采用 MySQL 数据库，数据库名称为 notebook。读者可以使用 MySQL 命令行方式或 MySQL 可视化管理工具（如 Navicat）创建数据库。使用命令行方式如下。

```
create database notebook default character set utf8;
```

3.5.2 创建数据表

因为本项目主要涉及用户和笔记两部分，所以在 notebook 数据库创建 2 个表，数据表名称及作用如下。

- users：用户表，用于存储用户信息。
- articles：笔记表，用于存储笔记信息。

创建这两个数据表的 SQL 语句如下。

```
DROP TABLE IF EXISTS 'users';
CREATE TABLE 'users' (
  'id' int(8) NOT NULL AUTO_INCREMENT,
  'username' varchar(255) DEFAULT NULL,
  'email' varchar(255) DEFAULT NULL,
  'password' varchar(255) DEFAULT NULL,
  PRIMARY KEY ('id')
) ENGINE=InnoDB DEFAULT CHARSET=utf8;

DROP TABLE IF EXISTS 'articles';
CREATE TABLE 'articles' (
  'id' int(8) NOT NULL AUTO_INCREMENT,
  'title' varchar(255) DEFAULT NULL,
  'content' text,
  'author' varchar(255) DEFAULT NULL,
  'create_date' datetime DEFAULT NULL,
  PRIMARY KEY ('id')
) ENGINE=InnoDB DEFAULT CHARSET=utf8;
```

可以在 MySQL 命令行下或 MySQL 可视化管理工具（如 Navicat）下执行上述 SQL 语句创建数据表。创建完成后，users 表数据结构如图 3-9 所示。articles 表数据结构如图 3-10 所示。

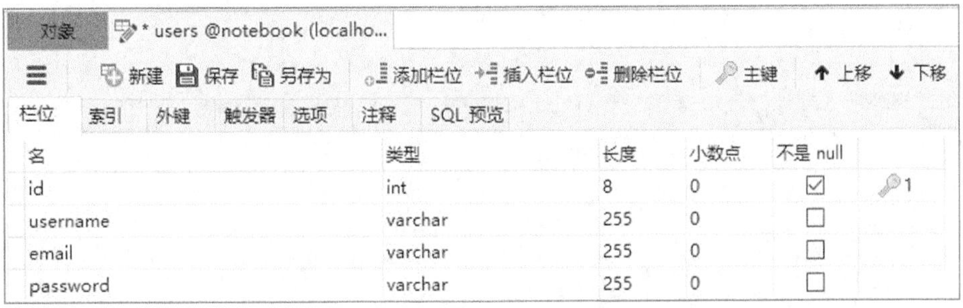

图 3-9　users 表数据结构

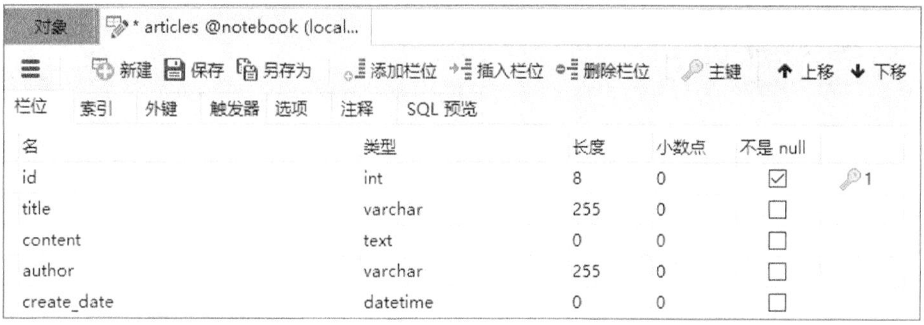

名	类型	长度	小数点	不是 null	
id	int	8	0	☑	1
title	varchar	255	0	☐	
content	text	0	0	☐	
author	varchar	255	0	☐	
create_date	datetime	0	0	☐	

图 3-10　articles 表数据结构

3.5.3 数据库操作类

在本项目使用 PyMySQL 来驱动数据库，并实现对笔记的增删改查功能。每次执行数据表操作都需要遵循如下流程。

连接数据库→执行 SQL 语句→关闭数据库

为了复用代码，单独创建一个 mysql_uitl.py 文件，文件包含一个 MysqlUtil 类，用于实现基本的增删改查方法。代码如下。

```
<代码位置：Code\NoteBook\mysql_util.py >
import pymysql                    # 引入pymysql模块
import traceback                  # 引入python中的traceback模块，跟踪错误
import sys                        # 引入sys模块

class MysqlUtil():
    def __init__(self):
        '''
            初始化方法，连接数据库
        '''
        host = '127.0.0.1'        # 主机名
        user = 'root'             # 数据库用户名
        password = 'root'         # 数据库密码
        database = 'notebook'     # 数据库名称
        self.db = pymysql.connect(host=host,user=user,password=password,db=database) # 建立连接
        self.cursor = self.db.cursor(cursor=pymysql.cursors.DictCursor) # 设置游标，并将游标设置为字典类型

    def insert(self, sql):
        '''
            插入数据库
            sql:插入数据库的sql语句
        '''
        try:
            # 执行sql语句
            self.cursor.execute(sql)
            # 提交到数据库执行
            self.db.commit()
```

```python
        except Exception:    # 方法一: 捕获所有异常
            # 如果发生异常, 则回滚
            print("发生异常", Exception)
            self.db.rollback()
        finally:
            # 最终关闭数据库连接
            self.db.close()

    def fetchone(self, sql):
        '''
        查询数据库: 单个结果集
            fetchone(): 该方法获取下一个查询结果集。结果集是一个对象
        '''
        try:
            # 执行sql语句
            self.cursor.execute(sql)
            result = self.cursor.fetchone()
        except:    # 方法二: 采用traceback模块查看异常
            # 输出异常信息
            traceback.print_exc()
            # 如果发生异常, 则回滚
            self.db.rollback()
        finally:
            # 最终关闭数据库连接
            self.db.close()
        return result

    def fetchall(self, sql):
        '''
        查询数据库: 多个结果集
            fetchall(): 接收全部的返回结果行
        '''
        try:
            # 执行sql语句
            self.cursor.execute(sql)
            results = self.cursor.fetchall()
        except:    # 方法三: 采用sys模块回溯最后的异常
            # 输出异常信息
            info = sys.exc_info()
            print(info[0], ":", info[1])
            # 如果发生异常, 则回滚
            self.db.rollback()
        finally:
            # 最终关闭数据库连接
            self.db.close()
        return results

    def delete(self, sql):
        '''
```

```
            删除结果集
        '''
        try:
            # 执行sql语句
            self.cursor.execute(sql)
            self.db.commit()
        except:  # 把这些异常保存到一个日志文件中,用来分析这些异常
            # 将错误日志输入目录文件中
            f = open("\log.txt", 'a')
            traceback.print_exc(file=f)
            f.flush()
            f.close()
            # 如果发生异常,则回滚
            self.db.rollback()
        finally:
            # 最终关闭数据库连接
            self.db.close()

    def update(self, sql):
        '''
            更新结果集
        '''
        try:
            # 执行sql语句
            self.cursor.execute(sql)
            self.db.commit()
        except:
            # 如果发生异常,则回滚
            self.db.rollback()
        finally:
            # 最终关闭数据库连接
            self.db.close()
```

在使用 MysqlUtil 类时,只需要引入 MysqlUtil 类,实例化该类,并调用相应方法即可。

3.6 用户模块设计

用户模块主要包括 4 部分功能:用户注册、用户登录、退出登录和用户权限管理。这里的用户权限管理是指,只有登录后,用户才能访问某些页面(如控制台)。下面分别介绍每个功能的实现。

3.6.1 实现用户注册功能

用户注册模块主要用于实现在线学习笔记的注册新用户功能。在该页面中,需要填写用户名、邮箱、密码和确认密码。如果没有输入用户名、邮箱、密码和确认密码,系统都将提示错误。此外,如果填写的格式错误也将提示错误。会员登录流程如图 3-11 所示。

实现用户注册功能

1. 创建注册路由

首先,需要创建用户注册的路由。在 manage.py 入口文件中,创建一个名为 app 的 Flask 实例,然后调用 app.route() 函数创建路由,关键代码如下。

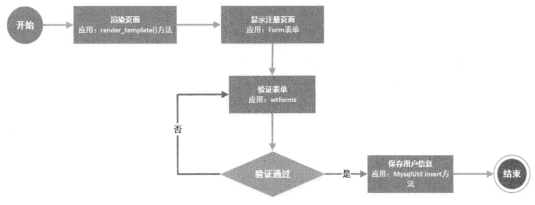

图 3-11 会员登录流程

```
<代码位置: Code\NoteBook\manage.py>
app = Flask(__name__)  # 创建应用
# 用户注册
@app.route('/register', methods=['GET', 'POST'])
def register():
    form = RegisterForm(request.form)  # 实例化表单类

    # 省略部分代码
    return render_template('register.html', form=form)  # 渲染模板
```

在上述代码中，@app.route()函数第一个参数"/register"是对应的 URL 的 path 部分；第二个参数 methods 是请求方式，这里使用列表接受"GET"和"POST"两种方式。接下来，在 register()函数中实例化 RegisterForm 类，并使用 render_template()函数渲染模板。

2. 创建模板文件

因为 render_template()函数默认查找的模板文件路径"/templates/"，所以，需要在该路径下创建 register.html 模板文件。代码如下。

```
<代码位置: Code\NoteBook\templates\register.html >
{% extends 'layout.html' %}

{% block body %}
<div class="content">
  <h1 class="title-center">用户注册</h1>
  {% from "includes/_formhelpers.html" import render_field %}
  <form method="POST" action="">
    <div class="form-group">
      {{render_field(form.email, class_="form-control")}}
    </div>
    <div class="form-group">
      {{render_field(form.username, class_="form-control")}}
    </div>
    <div class="form-group">
      {{render_field(form.password, class_="form-control")}}
    </div>
    <div class="form-group">
      {{render_field(form.confirm, class_="form-control")}}
    </div>
```

```
            <p><input type="submit" class="btn btn-primary" value="注册"></p>
        </form>
    </div>
{% endblock %}
```

在上述代码中，使用了 extends 标签来引入公共文件 layout.html，该文件包含了网站模板的基础框架，也称为父模板。由于网站页面包含很多通用的部分，如导航栏和底部信息等。将这些通用信息写入父模板，然后，使每个页面继承通用信息，并使用 block 标签来覆盖特有的信息。这样就简化了代码，达到了代码复用的目的。

此外，使用 WTForm 模块的 render_filed() 函数来渲染表单中的字段。render_filed() 函数第一个参数是 form 类的属性，该 form 类是使用 render_tempalte() 函数传递过来的，也就是 RegisterForm 类。第二个参数 "_class" 是模板中的 class 名称。

3. 实现注册功能

在 register.html 注册页面中，form 表单的 action 属性值为空，即表示当用户单击"注册"按钮时，表单提交到当前页面。因此，需要在 manage.py 文件的 register() 函数中继续编写提交表单的代码。register() 函数的完整代码如下。

```
<代码位置：Code\NoteBook\manage.py >
# 用户注册
@app.route('/register', methods=['GET', 'POST'])
def register():
    form = RegisterForm(request.form)  # 实例化表单类
    if request.method == 'POST' and form.validate():  # 如果提交表单，并字段验证通过
        # 获取字段内容
        email = form.email.data
        username = form.username.data
        password = sha256_crypt.encrypt(str(form.password.data))  # 对密码进行加密

        db = MysqlUtil()  # 实例化数据库操作类
        sql = "INSERT INTO users(email,username,password) \
               VALUES ('%s', '%s', '%s')" % (email,username,password)  # user表中插入记录
        db.insert(sql)

        flash('您已注册成功，请先登录', 'success')  # 闪存信息
        return redirect(url_for('login'))  # 跳转到登录页面

    return render_template('register.html', form=form)  # 渲染模板
```

在上述代码的 if 语句中，先通过 reques.method 等于 "POST" 来判断用户是否提交了表单。如果用户已经提交表单，就使用 form.validate() 判断是否通过 RegisterForm 类的全部验证规则。两个条件同时满足，然后获取用户提交的注册信息，并对密码进行加密。接下来，实例化 MysqlUtil 类，将用户信息写入 users 表。最后，跳转到登录页面，并使用 flash() 闪存注册成功信息。如果用户没有提交表单或是字段验证失败，则执行 render_template() 函数显示注册页面。

用户注册失败的页面效果如图 3-12 所示，注册成功的页面效果如图 3-13 所示。

3.6.2 实现用户登录功能

用户登录功能主要用于实现网站的会员登录。用户需要填写正确的用户名和密码，单击"登录"按钮，即可实现会员登录。如果没有输入用户名或者密码，都将提示错误。另外，输入的账号和密码长度错误也将提示错误。用户登录流程如图 3-14 所示。

实现用户登录功能

第 3 章
案例 1：基于 Flask 的在线学习笔记

图 3-12　用户注册失败　　　　　　　图 3-13　用户注册成功

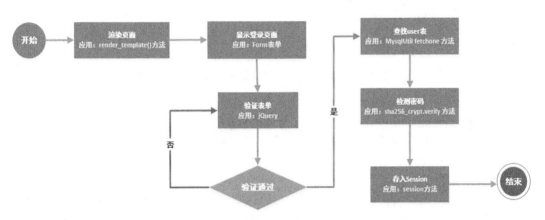

图 3-14　用户登录流程

1. 创建模板文件

在 "/templates/" 路径下创建 login.html 模板文件。由于登录页面表单比较简单，只有 2 个字段，所以这里没有使用 wtform 类验证字段，而是直接通过 jQuery 来实现，具体代码如下。

（代码位置：Code\NoteBook\templates\login.html）

```
{% extends 'layout.html' %}

{% block body %}
<div class="content">
  <h1 class="title-center">用户登录</h1>
  <form action="" method="POST" onsubmit="return checkLogin()">
    <div class="form-group">
      <label>用户名</label>
      <input type="text" name="username" class="form-control" value={{request.form.username}}>
    </div>
```

```html
        <div class="form-group">
          <label>密码</label>
          <input type="password" name="password" class="form-control" value="">
        </div>
        <button type="submit" class="btn btn-primary">登录</button>
      </form>
</div>

<script>
  function checkLogin(){
      var username = $("input[name='username']").val()
      var password = $("input[name='password']").val()
      // 检测用户名长度
      if ( username.length < 2  || username.length > 25){
        alert('用户名长度在2~25个字符')
        return false;
      }
      // 检测密码长度
      if ( username.length < 2  || username.length > 25){
        alert('密码长度在6-20个字符之间')
        return false;
      }
  }
</script>

{% endblock %}
```

在上述代码中,由于需要验证账号、密码长度,所以在 Form 表单中,设置 onsubmit 属性验证表单。当单击"登录"按钮时,调用 checkLogin()函数。如果 checkLogin()函数返回 false,则表示验证没有通过,不提交表单。否则,正常提交表单。

2. 实现登录功能

当用户填写登录信息后,还需要验证用户名是否存在,以及用户名和密码是否匹配等内容。如果验证全部通过,需将登录标识和 username 写入 session 中,为后面判断用户是否登录做准备。此外,还需要在用户访问"/login"路由时,判断用户是否已经登录,如果用户之前已经登录过,那么不需要再次登录,而是直接跳转到控制台。具体代码如下。

```python
<代码位置: Code\NoteBook\manage.py >
# 用户登录
@app.route('/login', methods=['GET', 'POST'])
def login():
    if "logged_in" in session:   # 如果已经登录,则直接跳转到控制台
        return redirect(url_for("dashboard"))

    if request.method == 'POST':  # 如果提交表单
        # 从表单中获取字段
        username = request.form['username']
        password_candidate = request.form['password']
        sql = "SELECT * FROM users  WHERE username = '%s'" % (username) # 根据用户名查找user
        表中记录
```

```python
db = MysqlUtil()  # 实例化数据库操作类
result = db.fetchone(sql)  # 获取一条记录
if result:  # 如果查到记录
    password = result['password']  # 用户填写的密码
    # 对比用户填写的密码和数据库中的记录密码是否一致
    if sha256_crypt.verify(password_candidate, password):  # 调用verify方法验证，如果为真，则验证通过
        # 写入session
        session['logged_in'] = True
        session['username'] = username
        flash('登录成功! ', 'success')  # 闪存信息
        return redirect(url_for('dashboard'))  # 跳转到控制台
    else:  # 如果密码错误
        error = '用户名和密码不匹配'
        return render_template('login.html', error=error)#跳转到登录页，并提示错误信息
else:
    error = '用户名不存在'
    return render_template('login.html', error=error)
return render_template('login.html')
```

在上述代码中，先判断 logged_in（登录标识）是否存在于 Session 中。如果存在，则说明用户已经登录，直接跳转到控制台。如果不存在，则后续判断用户名和密码都正确时，通过 session['logged_in'] 等于 True 语句将 logged_in 标识存入 Session，方便下次使用。

此外，还需要注意的是，在判断用户提交的密码和数据库中的密码是否匹配时，使用 sha256_crypt.verify() 进行判断。verify() 方法第一个参数是用户输入的密码，第二个参数是数据库中加密后的密码，如果返回 True，则表示密码相同，否则密码不同。

登录时，用户名不存在的页面效果如图 3-15 所示，用户名和密码不匹配的页面效果如图 3-16 所示，登录成功的页面效果如图 3-17 所示。

图 3-15　用户名不存在 　　　　　　　图 3-16　用户名和密码不匹配

图 3-17　用户登录成功

3.6.3　实现退出登录功能

退出功能的实现比较简单，只是清空登录时 session 中的值即可。使用 session.clear() 函数来实现该功能。具体代码如下。

实现退出登录功能

```
<代码位置：Code\NoteBook\manage.py >
# 退出
@app.route('/logout')
@is_logged_in
def logout():
    session.clear()
    flash('您已成功退出', 'success')      # 闪存信息
    return redirect(url_for('login'))  # 跳转到登录页面
```

退出成功后，页面跳转到登录页。运行效果如图 3-18 所示。

图 3-18　退出登录页面效果

3.6.4　实现用户权限管理功能

在线读书笔记项目中，需要用户登录后才能访问的路由及说明如下。

- "/dashboard"：控制台。

实现用户权限管理功能

- "/add_article"：添加笔记。
- "/edit_article"：编辑笔记。
- "/delete_article"：删除笔记。
- "/logout"：退出登录。

对于这些路由，可以在每一个方法中都添加如下代码。

```
if 'logged_in' not in session:          # 如果用户没有登录
    return redirect(url_for('login'))   # 跳转到登录页面
```

如果需要用户登录才能访问的页面很多，显然这种方式不够优雅。在此，可以使用装饰器的方式来简化代码。在 manage.py 文件中实现一个 is_logged_in 装饰器。代码如下。

<代码位置：Code\NoteBook\manage.py>
```
# 如果用户已经登录
def is_logged_in(f):
    @wraps(f)
    def wrap(*args, **kwargs):
        if 'logged_in' in session:          # 判断用户是否登录
            return f(*args, **kwargs)       # 如果登录，则继续执行被装饰的函数
        else:                               # 如果没有登录，则提示无权访问
            flash('无权访问,请先登录', 'danger')
            return redirect(url_for('login'))
    return wrap
```

定义完装饰器以后，就可以为需要用户登录的函数添加装饰器。例如，可以为 dashborad() 函数添加装饰器，关键代码如下。

(代码位置：Code\NoteBook\manage.py)
```
@app.route('/dashboard')
@is_logged_in
def dashboard():
    Pass
```

使用装饰器的方式，当执行 dashboard() 函数时，优先执行 is_logged_in() 函数判断用户是否登录。如果用户没有登录，则在浏览器中直接访问 "/dashboard"，运行结果如图 3-19 所示。

图 3-19 未登录提示无权访问

3.7 笔记模块设计

笔记模块主要包括4部分功能：笔记列表、添加笔记、编辑笔记和删除笔记。因为用户必须登录后才能执行相应的操作，所以在每一个方法前添加@is_logged_in 装饰器来判断用户是否登录，如果没有登录，则跳转到登录页面。下面分别介绍每个功能的实现。

3.7.1 实现笔记列表功能

在控制台的笔记列表页面中，需要展示该用户的所有笔记信息。实现该功能的代码如下。

实现笔记列表功能

```
<代码位置：Code\NoteBook\manage.py >
# 控制台
@app.route('/dashboard')
@is_logged_in
def dashboard():
    db = MysqlUtil()  # 实例化数据库操作类
    sql = "SELECT * FROM articles WHERE author = '%s' ORDER BY create_date DESC" % (session['username'])  # 根据用户名查找用户笔记信息，并根据时间降序排序
    result = db.fetchall(sql)  # 查找所有笔记
    if result:  # 如果笔记存在，则赋值给articles变量
        return render_template('dashboard.html', articles=result)
    else:       # 如果笔记不存在，则提示暂无笔记
        msg = '暂无笔记信息'
        return render_template('dashboard.html', msg=msg)
```

在上述代码中，需要注意使用 session 函数来获取用户名。如果用户登录成功，则使用 session['username'] = username 将 username 存入 Session。所以，此时可以使用 session('username')来获取用户姓名。

接下来，使用 render_template()函数渲染模板文件。关键代码如下。

```
<代码位置：Code\NoteBook\templates\dashboard.html >
{% for article in articles %}
  <tr>
    <td>{{article.id}}</td>
    <td>{{article.title}}</td>
    <td>{{article.author}}</td>
    <td>{{article.create_date}}</td>
    <td><a href="edit_article/{{article.id}}" class="btn btn-default pull-right">Edit</a></td>
    <td>
      <form action="{{url_for('delete_article', id=article.id)}}" method="post">
        <input type="hidden" name="_method" value="DELETE">
        <input type="submit" value="Delete" class="btn btn-danger">
      </form>
    </td>
  </tr>
{% endfor %}
```

在上述代码中，articles 变量表示所有笔记对象，使用 for 标签来遍历每一个笔记对象。

运行效果如图 3-20 所示。

图 3-20 笔记列表页面

3.7.2 实现添加笔记功能

实现添加笔记功能

在控制台列表页面单击"添加笔记"按钮，即可进入添加笔记页面。在该页面中，用户需要填写笔记标题和笔记内容。实现该功能的关键代码如下。

```
<代码位置：Code\NoteBook\manage.py >
# 添加笔记
@app.route('/add_article', methods=['GET', 'POST'])
@is_logged_in
def add_article():
    form = ArticleForm(request.form)  # 实例化ArticleForm表单类
    if request.method == 'POST' and form.validate():  # 如果用户提交表单，并且表单验证通过
        # 获取表单字段内容
        title = form.title.data
        content = form.content.data
        author = session['username']
        create_date = time.strftime("%Y-%m-%d %H:%M:%S", time.localtime())
        db = MysqlUtil()  # 实例化数据库操作类
        sql = "INSERT INTO articles(title,content,author,create_date) \
               VALUES ('%s', '%s', '%s','%s')" % (title,content,author,create_date)
               # 插入数据的SQL语句
        db.insert(sql)
        flash('创建成功', 'success')  # 闪存信息
        return redirect(url_for('dashboard'))            # 跳转到控制台
    return render_template('add_article.html', form=form)  # 渲染模板
```

在上述代码中，接收表单的字段只包含标题和内容，此外，还需要使用session()函数来获取用户名，使用time模块来获取当前时间。

在填写笔记内容时，使用了CKEditor编辑器替换普通的 Text 文本框。CKEditor 编辑器和普通的 textarea 文本框的对比效果如图 3-21 所示。

在 add_article.html 模板中使用 CKEditor 的关键代码如下。

```
<代码位置：Code\NoteBook\templates\add_article.html>
{% block body %}
  <h1>添加笔记</h1>
  {% from "includes/_formhelpers.html" import render_field %}
  <form method="POST" action="">
    <div class="form-group">
      {{ render_field(form.title, class_="form-control") }}
```

```
        </div>
        <div class="form-group">
          {{ render_field(form.content, class_="form-control content-text", id="editor") }}
        </div>
        <p><input class="btn btn-primary" type="submit" value="提交">
      </form>

        <script src="//cdn.ckeditor.com/4.11.2/standard/ckeditor.js"></script>
        <script type="text/javascript">
          CKEDITOR.replace( 'editor')
        </script>
{% endblock %}
```

在上述代码中，首先在 Form 表单的文本域中设置 id="editor"，然后引入 ckeditor.js，最后在 JavaScript 中使用 CKEDITOR.replace( ) 函数关联。replace 函数的参数就是表单中文本域字段的 ID 值。

图 3-21　CKEditor 和 textarea 效果对比

添加笔记的运行效果如图 3-22 所示。

图 3-22　添加笔记

3.7.3 实现编辑笔记功能

在控制台列表中，单击笔记标题右侧的"Edit"按钮，即可根据笔记的 ID 进入该笔记的编辑页面。编辑页面和新增页面类似，只是编辑页面需要展示被编辑笔记的标题和内容。实现该功能的关键代码如下。

实现编辑笔记功能

```
<代码位置：Code\NoteBook\manage.py >
# 编辑笔记
@app.route('/edit_article/<string:id>', methods=['GET', 'POST'])
@is_logged_in
def edit_article(id):
    db = MysqlUtil()   # 实例化数据库操作类
    fetch_sql = "SELECT * FROM articles WHERE id = '%s' and author = '%s'" % (id,session
    ['username'])  # 根据笔记ID查找笔记信息
    article = db.fetchone(fetch_sql)  # 查找一条记录
    # 检测笔记不存在的情况
    if not article:
        flash('ID错误', 'danger')  # 闪存信息
        return redirect(url_for('dashboard'))
    # 获取表单
    form = ArticleForm(request.form)
    if request.method == 'POST' and form.validate():  # 如果用户提交表单，并且表单验证通过
        # 获取表单字段内容
        title = request.form['title']
        content = request.form['content']
        update_sql = "UPDATE articles SET title='%s', content='%s' WHERE id='%s' and author
        = '%s'" % (title, content, id,session['username'])
        db = MysqlUtil()  # 实例化数据库操作类
        db.update(update_sql)  # 更新数据的SQL语句
        flash('更改成功', 'success')  # 闪存信息
        return redirect(url_for('dashboard'))  # 跳转到控制台

    # 从数据库中获取表单字段的值
    form.title.data = article['title']
    form.content.data = article['content']
    return render_template('edit_article.html', form=form)  # 渲染模板
```

在上述代码中，首先根据笔记的 ID 查找 articles 表中笔记的信息。如果 articles 表中没有此 ID，则提示错误信息。接下来，判断用户是否提交表单，并且表单验证通过。如果同时满足以上 2 个条件，则修改该 ID 的笔记信息，并跳转到控制台，否则，获取笔记信息后渲染模板。

编辑笔记的运行效果如图 3-23 所示。

3.7.4 实现删除笔记功能

在控制台列表中，单击笔记标题右侧的"Delete"按钮，即可根据笔记 ID 删除该笔记。删除成功后，页面跳转到控制台。实现该功能的关键代码如下。

实现删除笔记功能

```
<代码位置：Code\NoteBook\manage.py >
# 删除笔记
@app.route('/delete_article/<string:id>', methods=['POST'])
@is_logged_in
def delete_article(id):
```

```
db = MysqlUtil()  # 实例化数据库操作类
sql = "DELETE FROM articles WHERE id = '%s' and author = '%s'" % (id,session['username'])
# 执行删除笔记的SQL语句
db.delete(sql)  # 删除数据库
flash('删除成功', 'success')  # 闪存信息
return redirect(url_for('dashboard'))  # 跳转到控制台
```

在上述代码中，执行删除的 SQL 语句一定要添加 WHERE id 限定条件，否则，将删除所有笔记。

图 3-23　编辑笔记

小　结

本章主要使用 Flask 开发一个在线学习笔记的网站。在该项目中，首先介绍网站的用户模块，主要包括用户注册、用户登录、退出登录和用户权限管理功能。接下来，介绍笔记模块的增删改查功能。本项目使用了很多开发中常用的模块和方法，例如，使用 WTFomrs 模块验证表单，使用 passlib 模块对密码加密，使用装饰器判断用户是否登录，等等。通过本章的学习，希望读者能够了解 Flask 开发流程并掌握 Web 开发中常用的模块。

习　题

3-1　如何使用 WTForms 模块验证用户输入长度？

3-2　如何使用装饰器验证用户操作权限？

第4章

案例2：基于Flask的甜橙音乐网

随着生活节奏的加快，人们的生活压力和工作压力也不断增加。为了缓解压力，现在的网络提供了许多娱乐项目，如网络游戏、网络电影和在线音乐等。听音乐可以放松心情，减轻生活或工作的压力。目前大多数的音乐网站都提供在线视听、音乐下载、在线交流、音乐收藏等功能。本章使用Python Flask开发一个在线音乐网站——甜橙音乐网。

本章要点

- 使用Flask蓝图制作应用组件
- 使用工厂函数创建多个不同配置的实例
- 使用errorhandler函数配置404页面
- 使用Flask-SQLAlchemy扩展实现ORM
- 使用Flask-Migrate扩展实现数据迁移
- 使用jPlayer插件播放音乐

4.1 需求分析

甜橙音乐网需要具备如下功能。

项目配置使用说明

需求分析

- 用户管理功能，包括用户注册、登录和退出等功能。
- 分类功能，根据曲风、地区和歌手类型对歌曲进行分类。
- 在线听音乐功能，用户点击选中的音乐后即可播放该音乐。
- 排行榜功能，根据用户点击歌曲的播放次数进行排行。
- 搜索歌曲功能，用户可根据歌曲名称搜索歌曲。
- 收藏歌曲功能，用户登录后可以收藏歌曲。收藏完成后，点击"我的音乐"，可以查看收藏的全部歌曲。
- 添加歌手功能，管理员可以添加歌手。
- 添加歌曲功能，管理员可以添加歌曲。

4.2 系统设计

系统设计

4.2.1 系统功能结构

甜橙音乐网分为前台和后台两部分设计。前台主要包括"首页""排行榜""曲风分类""歌手分类""我的音乐"和"发现音乐"等功能模块。后台管理模块主要包括"歌手管理""歌曲管理""登录"等功能模块。系统功能结构如图4-1所示。

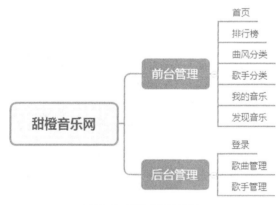

图 4-1 系统功能结构图

4.2.2 系统业务流程

普通用户首先使用浏览器进入音乐网的首页，可以查看歌曲排行榜、曲风分类、歌手分类、发现音乐和我的音乐等内容。

甜橙音乐网系统管理员首先进入登录页面，进行系统登录操作，如登录失败，则继续停留在登录页面，如果登录成功，则进入网站后台的管理页面，可以进行歌手管理和歌曲管理。

系统业务流程如图4-2所示。

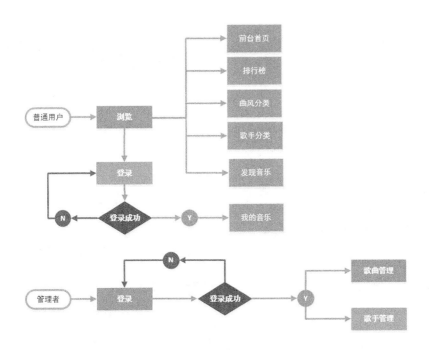

图 4-2　系统业务流程

4.2.3　系统预览

甜橙音乐网的首页如图 4-3 所示，在该页面中用户可以浏览轮播图、热门歌手和热门歌曲；单击导航栏中的"歌手"超链接，可以进入歌手列表页面，在该页面中，可以分页查看全部歌手信息，也可以按曲风查看相关歌手，如图 4-4 所示。

图 4-3　网站首页　　　　　　　　　　　图 4-4　歌手列表页面

在甜橙音乐网中，单击顶部的"登录"超链接，将显示登录页面，通过该页面可以实现登录功能，如图 4-5 所示；在导航栏中，单击"排行榜"超链接，将显示歌曲排行榜，如图 4-6 所示。

在甜橙音乐网中，管理员可以通过账号密码登录进入后台。在后台导航栏中，单击"歌手"超链接，可以管理歌手信息，如图 4-7 所示。单击"歌曲"超链接，可以管理歌曲信息，如图 4-8 所示。

图 4-5 登录界面

图 4-6 歌曲排行榜页面

图 4-7 后台歌手管理页

图 4-8 后台歌曲管理页

4.3 系统开发必备

系统开发必备

4.3.1 系统开发环境

本系统的开发软件及运行环境具体如下。
- ❑ 操作系统：Windows 7 及以上。
- ❑ 虚拟环境：virtualenv。
- ❑ 数据库：PyMySQL 驱动+MySQL。
- ❑ 开发工具：PyCharm/Sublime Text 3。
- ❑ Python Web 框架：Flask。

4.3.2 文件夹组织结构

本项目采用 Flask 微型 Web 框架进行开发。由于 Flask 框架的灵活性，所以可以任意组织项目的目录结构。在甜橙音乐网项目中，我们使用包和模块方式组织程序。文件夹组织结构如图 4-9 所示。

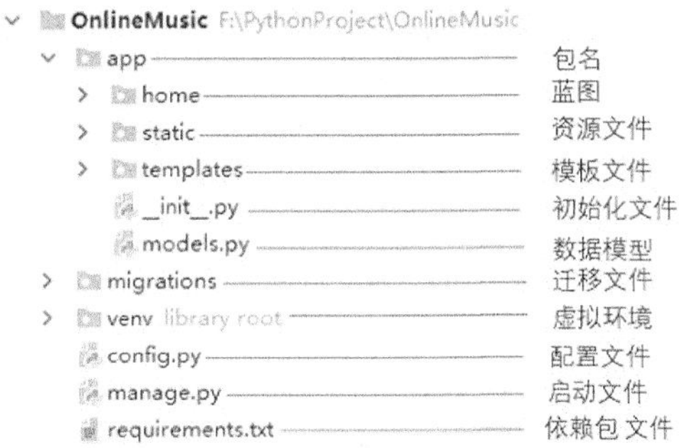

第 4 章
案例 2：基于 Flask 的甜橙音乐网

```
OnlineMusic  F:\PythonProject\OnlineMusic
  app ─────────────────────── 包名
    home ─────────────────── 蓝图
    static ───────────────── 资源文件
    templates ────────────── 模板文件
    __init__.py ──────────── 初始化文件
    models.py ────────────── 数据模型
  migrations ──────────────── 迁移文件
  venv  library root ──────── 虚拟环境
  config.py ───────────────── 配置文件
  manage.py ───────────────── 启动文件
  requirements.txt ────────── 依赖包文件
```

图 4-9　文件夹组织结构

在图 4-9 所示的文件夹组织结构中，有 3 个顶级文件夹。

- app。Flask 程序的包名，一般命名为 app。
- migrations。数据库迁移脚本。
- venv。Python 虚拟环境。

同时还创建了以下一些新文件。

- manage.py：用于启动程序以及其他的程序任务。
- config.py：存储配置。
- requirements.txt：列出了所有依赖包，便于在其他计算机中重新生成相同的虚拟环境。

本项目使用 Flask-Script 扩展以命令行方式生成数据库表和启动服务。生成数据表的命令如下。

```
python manage.py db init      # 创建迁移仓库,首次使用
python manage.py db migrate   # 创建迁移脚本
python manage.py db upgrade   # 把迁移应用到数据库中
```

启动服务的命令如下。

```
python manage.py runserver
```

4.4　技术准备

4.4.1　jPlayer 插件

jPlayer 插件

jPlayer 是一个用 JavaScript 编写的完全免费和开源的 jQuery 多媒体库插件（现在也是一个 Zepto 插件）。jPlayer 可以让我们迅速编写跨平台的支持音频和视频播放的网页。jPlayer 丰富的 API 可以让我们创建个性化的多媒体应用，因此也获得越来越多的社区成员的支持和鼓励。

1. 下载安装

jPlayer 插件的 github 网址为 https://github.com/jplayer/jPlayer，中文文档网址为 http://www.jplayer.cn。本项目使用当前最新的 2.9.2 版本。

2. jPlayer 的基本使用

使用 jPlayer 时，需要先引入 jQuery 插件以及 jPlayer 的 CSS 文件和 JS 文件。接下来，在页面加载时，调用 $("#jquery_jplayer_1").jPlayer() 方法，并在 jPlayer() 方法内设置相应属性。示例如下。

```
<!DOCTYPE html>
<html>
<head>
<meta charset="utf-8" />
```

```html
<link href="../../dist/skin/blue.monday/css/jplayer.blue.monday.min.css" rel="stylesheet" type="text/css" />
<script type="text/javascript" src="../../lib/jquery.min.js"></script>
<script type="text/javascript" src="../../dist/jplayer/jquery.jplayer.min.js"></script>
<script type="text/javascript">
$(document).ready(function(){
    $("#jquery_jplayer_1").jPlayer({
        ready: function (event) {
            $(this).jPlayer("setMedia", {
                title: "Bubble",    //文件名称
                m4a: "http://jplayer.org/audio/m4a/Miaow-07-Bubble.m4a",//文件类型
                oga: "http://jplayer.org/audio/ogg/Miaow-07-Bubble.ogg" //文件类型
            });
        },
        swfPath: "../../dist/jplayer",  //定义jPlayer 的jplayer.swf文件的路径
        supplied: "m4a, oga", // 设置支持的文件类型
        wmode: "window",  // 播放模式为 "window"
        useStateClassSkin: true,  // 设置默认样式
        autoBlur: false, // GUI交互是状态为focus()
        smoothPlayBar: true, // 平滑过渡播放条
        keyEnabled: true, // 支持键盘
        remainingDuration: true, // 展示剩余时间
        toggleDuration: true // 点击GUI元素duration触发jPlayer({remainingDuration}) 选项
    });
});
</script>
</head>
<body>
<div id="jquery_jplayer_1" class="jp-jplayer"></div>
<div id="jp_container_1" class="jp-audio" role="application" aria-label="media player">
    <!--省略部分代码 -->
</div>
</body>
</html>
```

在上述代码中，在 jPlayer()方法中只是设置了一部分参数，更多参数请参考 jPlayer 文档。运行结果如图 4-10 所示。

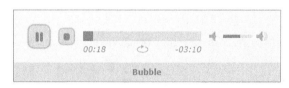

图 4-10　jPlayer 运行结果

4.4.2　Flask 蓝图

Flask 蓝图

Flask 用蓝图（Blueprint）的概念来在一个应用中或跨应用制作应用组件和支持通用的模式。蓝图很好地简化了大型应用工作的方式，并提供给 Flask 扩展在应用上注册

操作的核心方法。一个 Blueprint 对象与 Flask 应用对象的工作方式很像，但它确实不是一个应用，而是一个描述如何构建或扩展应用的蓝图。

1. 为什么使用蓝图

Flask 中的蓝图为以下这些情况设计。

- 把一个应用分解为一个蓝图的集合。这对大型应用是理想的。一个项目可以实例化一个应用对象，初始化几个扩展，并注册一个集合的蓝图。
- 以 URL 前缀和/或子域名，在应用上注册一个蓝图。URL 前缀/子域名中的参数即成为这个蓝图下所有视图函数共同的视图参数（默认情况下）。
- 在一个应用中，用不同的 URL 规则多次注册一个蓝图。
- 通过蓝图提供模板过滤器、静态文件、模板和其他功能。一个蓝图不一定要实现应用或者视图函数。
- 初始化一个 Flask 扩展时，在这些情况中注册一个蓝图。

Flask 中的蓝图不是即插应用，因为它实际上并不是一个应用——它是可以注册，甚至可以多次注册到应用上的操作集合。蓝图作为 Flask 层提供分割的替代，共享应用配置，并且在必要情况下可以更改所注册的应用对象。它的缺点是不能在应用创建后撤销注册一个蓝图而不销毁整个应用对象。

2. 蓝图的设想

蓝图的基本设想是当它们注册到应用上时，它们记录将会被执行的操作。当分派请求和生成从一个端点到另一个的 URL 时，Flask 会关联蓝图中的视图函数。

3. 创建蓝图

通常，将蓝图放在一个单独的包里。例如，创建一个"home"子目录，并创建一个空的"__init__.py"表示它是一个 Python 的包。下面编写蓝图，将其存在"home/__init__.py"文件中，代码如下。

```python
from flask import Blueprint

home = Blueprint("home",__name__)

@home.route('/')
def index(name):
    return '<h1>Hello World!</h1>'
```

在上述代码中，创建了蓝图对象"home"，它使用起来类似于 Flask 应用的 app 对象，它可以有自己的路由"home.route()"。初始化 Blueprint 对象的第一个参数 home 指定了这个蓝图的名称，第二个参数指定了该蓝图所在的模块名，这里是当前文件。

4. 注册蓝图

创建完蓝图后，需要注册蓝图。在 Flask 应用主程序中，使用"app.register_blueprint()"方法即可，代码如下。

```python
from flask import Flask
from app.home import home as home_blueprint

app = Flask(__name__)
app.register_blueprint(home_blueprint, url_prefix='/home)

if __name__ == '__main__':
    app.run(debug=True)
```

在上述代码中，使用 app.register_blueprint()方法来注册蓝图，该方法的第一个参数是蓝图名称，第二个参数 url_prefix 是蓝图的 URL 前缀。也就是，当访问"http://localhost:5000/home/"时就可以加载 home

蓝图的 index 视图了。

4.5 数据库设计

4.5.1 数据库概要说明

本项目采用 MySQL 数据库，数据库名称为 music。读者可以使用 MySQL 命令行方式或 MySQL 可视化管理工具（如 Navicat）创建数据库。使用命令行方式如下。

```
create database music default character set utf8;
```

4.5.2 数据表模型

创建完数据库后，需要数据表。本项目包含 4 张数据表，数据表名称及作用如表 4-1 所示。

表 4-1 数据库中的表信息

表名	含义	作用
user	用户表	用于存储用户的信息
song	歌曲表	用于存储歌曲信息
artist	歌手表	用于存储歌手信息
collect	收藏表	用于存储收藏表信息

接下来，使用 Flask-SQLAlchemy 操作数据库，生成 4 张表。首先，将所有模型放置到一个单独的 models 模块中。models.py 模型文件代码如下。

```
<代码位置：Code\Idiom\flask\app\models.py >
from . import db

# 用户表
class User(db.Model):
    __tablename__ = "user"
    id = db.Column(db.Integer, primary_key=True)       # 编号
    username = db.Column(db.String(100))               # 用户名
    pwd = db.Column(db.String(100))                    # 密码
    flag = db.Column(db.Boolean,default=0)             # 用户标识，0：普通用户，1：管理员

    def __repr__(self):
        return '<User %r>' % self.name

    def check_pwd(self, pwd):
        """
        检测密码是否正确
        :param pwd: 密码
        :return: 返回布尔值
        """
        from werkzeug.security import check_password_hash
        return check_password_hash(self.pwd, pwd)

# 歌手表
```

```python
class Artist(db.Model):
    __tablename__ = 'artist'
    id = db.Column(db.Integer, primary_key=True)          # 编号
    artistName = db.Column(db.String(100))                # 歌手名
    style = db.Column(db.Integer)                         # 歌手类型
    imgURL = db.Column(db.String(100))                    # 头像
    isHot = db.Column(db.Boolean,default=0)               # 是否热门

# 歌曲表
class Song(db.Model):
    __tablename__ = 'song'
    id = db.Column(db.Integer, primary_key=True)          # 编号
    songName = db.Column(db.String(100))                  # 歌曲名称
    singer = db.Column(db.String(100))                    # 歌手名称
    fileURL = db.Column(db.String(100))                   # 歌曲图片
    hits = db.Column(db.Integer,default=0)                # 点击量
    style = db.Column(db.Integer)  # 歌曲类型, 0: 全部, 1: 华语, 2: 欧美, 3: 日语, 4: 韩语, 5: 其他
    collect = db.relationship('Collect', backref='song')  # 收藏外键关系关联

# 歌曲收藏
class Collect(db.Model):
    __tablename__ = "collect"
    id = db.Column(db.Integer, primary_key=True)                       # 编号
    song_id = db.Column(db.Integer, db.ForeignKey('song.id'))  # 所属歌曲
    user_id = db.Column(db.Integer)                                    # 所属用户
```

4.6 网站首页模块的设计

4.6.1 首页模块概述

当用户访问甜橙音乐网时，首先进入的就是网站首页。在甜橙音乐网的首页中，用户可以浏览轮播图、热门歌手和热门歌曲，同时通过菜单上的超链接也可以跳转到"排行榜""曲风""歌手"等页面。网站首页的流程图如图 4-11 所示，运行效果如图 4-12 所示。下面将重点介绍"热门歌手""热门歌曲"和"播放音乐"3 个主要功能模块。

图 4-11　首页模块流程图

4.6.2 实现热门歌手列表功能

1. 获取热门歌手数据

热门歌手数据来源于 artist（歌手）表，该表中有 isHot（是否热门）字段。如果 isHot 字段的值为 1，则

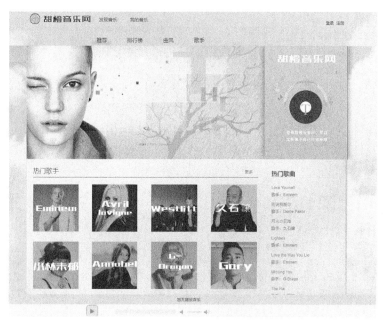

图 4-12 甜橙音乐网首页

表示这条记录中的歌手是热门歌手，如果为 0，则表示非热门歌手。根据首页布局，从 user 表中筛选出 12 条 isHot 为 1 的记录。使用 contentFrame() 方法来获取热门歌手数据，关键代码如下。

```python
# <代码位置：Code\OnlineMusic\app\home\views.py>
@home.route("/contentFrame")
def contentFrame():
    """
    主页面
    """
    hot_artist = Artist.query.filter_by(isHot=1).limit(12).all()  # 获取歌手数据
    return render_template('home/contentFrame.html',hot_artist=hot_artist)  # 渲染模板
```

2. 渲染"热门歌手"页面

在 contentFrame() 方法中，使用 render_template() 函数渲染模板，并将 hot_artist 变量赋值到模板，接下来，需要在 contentFrame.html 模板文件中展示数据。hot_artist 是所有热门歌手信息的集合，在模板中可以使用 {%for%} 标签来遍历数据，关键代码如下。

```html
<!-- <代码位置：Code\OnlineMusic\app\templates\home\contentFrame.html> -->
<div class="g-mn1">
  <div class="g-mn1c">
    <div class="g-wrap3">
      <div class="n-rcmd">
        <div class="v-hd2">
          <a href="#" class="tit f-ff2 f-tdn">热门歌手</a>
          <span class="more"><a href="{{url_for('home.artistList')}}"
            class="s-fc3">更多</a><i class="cor s-bg s-bg-6"> </i> </span>
        </div>
        <ul class="m-cvrlst f-cb">
          {% for artist in hot_artist %}
          <li>
            <div class="u-cover u-cover-1">
```

```
                    <a href="{{url_for('home.artist',id=artist.id)}}">
                        <img src="{{url_for('static',filename='images/artist/'+artist.imgURL)}}">
                    </a>
                </div>
            </li>
            {% endfor %}
        </ul>
    </div>
    </div>
</div>
```

首页"热门歌手"运行结果如图4-13所示。

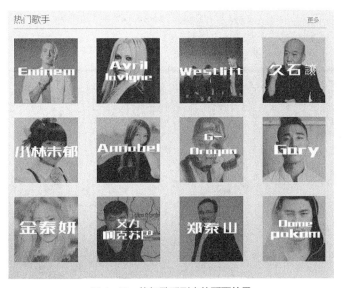

图4-13 热门歌手列表的页面效果

4.6.3 实现热门歌曲功能

1. 获取"热门歌曲"数据

热门歌曲数据来源于song（歌曲）表，该表中有hits（点击次数）字段。每当用户点击一次歌曲，该歌曲的hits字段值加1。根据首页布局，从user表中根据hits字段由高到低排序筛选出10条记录。使用contentFrame()方法来获取热门歌曲数据，关键代码如下。

```
<代码位置：Code\OnlineMusic\app\home\views.py>
@home.route("/contentFrame")
def contentFrame():
    """
    主页面
    """
    hot_song = Song.query.order_by(Song.hits.desc()).limit(10).all()       # 获取歌曲数据
    return render_template('home/contentFrame.html', hot_song=hot_song)    # 渲染模板
```

2. 渲染"热门歌曲"页面

在contentFrame()方法中，使用render_template()函数渲染模板，并将hot_song变量赋值到模板，接下来，需要在contentFrame.html模板文件中展示数据。hot_song是所有热门歌曲信息的集合，在模板中可以

使用{%for%}标签来遍历数据，关键代码如下。

```html
<代码位置：Code\OnlineMusic\app\templates\home\contentFrame.html>
<div class="g-sd1">
    <div class="n-dj n-dj-1">
        <h1 class="v-hd3">
            热门歌曲
        </h1>
        <ul class="n-hotdj f-cb" id="hotdj-list">
            {% for song in hot_song %}
            <li>
                <div class="info">
                    <p>
                        <a onclick='playA("{{song.songName}}","{{song.id}}");'
                           style="color: #1096A9">{{song.songName}} </a>
                        <sup class="u-icn u-icn-1"></sup>
                    </p>
                    <p class="f-thide s-fc3">
                        歌手：{{song.singer}}
                    </p>
                </div>
            </li>
            {% endfor %}
        </ul>
    </div>
</div>
```

首页热门歌曲运行结果如图4-14所示。

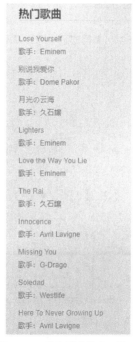

图4-14 热门歌曲的界面效果

4.6.4 实现音乐播放功能

1. 播放音乐

本项目使用 jPlayer 插件来显示播放音乐功能。使用 jPlayer 可以迅速编写一个跨平台的支持音频和视频播放的网页。

使用 jPlayer 前，需要先引入相应的 jPlayer 的 JavaScript 文件和 CSS 文件，然后根据需求，编写相应的 JavaScript 代码。关键代码如下。

```
<代码位置：Code\OnlineMusic\app\templates\home\contentFrame.html>
<link href="{{url_for('static',filename='css/jplayer.blue.monday.min.css')}}"
 rel="stylesheet" type="text/css" />
<script type="text/javascript"
    src="{{url_for('static',filename='js/jplayer/jquery.jplayer.min.js')}}"></script>
<script>
// 定义播放音乐的方法
function playMusic(name, id) {
    addMyList()                                        // 调用添加播放次数方法
    $("#jquery_jplayer").jPlayer( "destroy" );         // 销毁正在播放的音乐
    $("#jquery_jplayer").jPlayer({                     // 播放音乐
        ready: function(event) {                       // 准备音频
            $(this).jPlayer("setMedia", {
                title: name,                           // 设置音乐标题
                mp3: "static/images/song/53.mp3"       // 设置播放音乐
            }).jPlayer( "play" );                      // 开始播放
        },
        swfPath: "dist/jplayer/jquery.jplayer.swf",    //定义jPlayer 的jplayer.swf文件的路径
        supplied: "mp3",                               // 音乐格式为mp3
        wmode: "window",                               // 播放模式为window
        useStateClassSkin: true,                       // 设置默认样式
        autoBlur: false,                               // GUI交互时状态为focus()
        smoothPlayBar: true,                           // 平滑过渡播放条
        keyEnabled: true,                              // 支持键盘
        remainingDuration: true,                       // 显示剩余时间
        toggleDuration: true                           // 点击GUI元素duration触发jPlayer
                                                       //   ({remainingDuration})选项
    });
}
```

在上述代码中，首先需要对所有正在播放的音乐进行销毁处理，然后引入需要播放的音乐文件，设置音乐播放的题目，另外还需要设置整个播放组件的相关参数信息，如是否支持图标、动画、进度条。最后播放音乐。

进入网站的首页后，单击任意热门歌曲中的一首，将会播放该音乐。具体实现效果如图 4-15 所示。

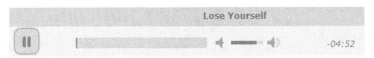

图 4-15 音乐组件播放效果

2. 统计播放次数

每次点击歌曲后，歌曲的点击次数都应该自动加 1。那么，在调用 playMusic() 播放音乐时，可以调用

一个自定义的 addMyList() 方法，该方法使用 Ajax 异步提交的方式更改 song 表中 hits 字段的值。具体代码如下。

```
<代码位置：Code\OnlineMusic\app\templates\home\contentFrame.html>
// 添加播放次数
function addMyList(id){
    $.ajax({
        url: "{{url_for('home.addHit')}}",      // 提交地址
        type: "get",                            // 提交类型
        data: {id: id},                         // 提交数据
        success: function(res) {                // 回调函数
            console.log(res.message)
        }
    });
}
```

在上述代码中，使用 Ajax 将 id（歌曲 ID）使用 GET 方法提交到 home 蓝图下的 addHit() 方法。因此，需要在 addHit() 方法中，更改相应歌曲的点击次数。关键代码如下。

```
<代码位置：Code\OnlineMusic\app\home\views.py>
@home.route('/addHit')
def addHit():
    '''
    点击量加1
    '''
    id = request.args.get('id')
    song = Song.query.get_or_404(int(id))
    if not song:
        res = {}
        res['status'] = -1
        res['message'] = '歌曲不存在'
    # 更改点击量
    else:
        song.hits += 1
        db.session.add(song)
        db.session.commit()
        res = {}
        res['status'] = 1
        res['message'] = '播放次数加1'
    return jsonify(res)
```

在上述代码中，根据歌曲 id 查找歌曲信息。如果歌曲存在，则令 hits 字段的值自增 1。最后使用 jsonify() 函数返回 json 格式数据。

4.7 排行榜模块的设计

4.7.1 排行榜模块概述

歌曲排行榜是音乐网站非常普遍的一个功能。从技术实现的原理上看，根据用户点击某歌曲的次数多少进行排序，即形成了甜橙音乐网的歌曲排行榜。歌曲排行榜流程图如图 4-16 所示，页面效果如图 4-17 所示。

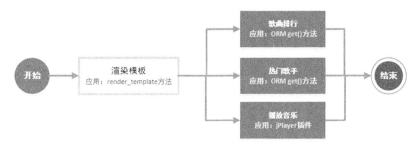

图 4-16 歌曲排行榜流程图

图 4-17 排行榜的界面效果

4.7.2 实现歌曲排行榜功能

1. 获取排行榜数据

排行榜功能和首页的热门歌曲功能类似，区别在于首页热门歌曲只显示点击数量前 10 的歌曲名称和歌手，而排行榜要显示排名前 30 的歌曲详细信息。关键代码如下。

```
<代码位置：Code\OnlineMusic\app\home\views.py>
@home.route("/toplist")
def toplist():
    top_song = Song.query.order_by(Song.hits.desc()).limit(30).all()
    hot_artist = Artist.query.limit(6).all()
    return         render_template('home/toplist.html',         top_song=top_song,
hot_artist=hot_artist)
```

2. 渲染"热门歌曲"页面

在 toplist()方法中，使用 render_template()函数渲染模板，并将 hot_song 变量赋值给模板，接下来，需要在 toplist.html 模板文件中展示数据。hot_song 是所有热门歌曲信息的集合，在模板中可以使用{%for%}标签来遍历数据，关键代码如下。

```
<代码位置：Code\OnlineMusic\app\templates\home\toplist.html>
<div class="j-flag" id="auto-id-o5oRUwylt22S4fpC">
    <table class="m-table m-table-rank">
```

```html
<thead>
    <tr>
        <th>
            <div class="wp">
                歌曲
            </div>
        </th>
        <th class="w2-1">
            <div class="wp">
                类别
            </div>
        </th>
        <th class="w3">
            <div class="wp">
                歌手
            </div>
        </th>
    </tr>
</thead>
<tbody>
{% for song in top_song %}
    <tr class=" ">
        <td class="">
            <div class="f-cb">
                <div class="tt">
                    <span
                        onclick='playA("{{song.songName}}","{{song.id}}");'
                        class="ply "> </span>
                    <div class="ttc">
                        <span class="txt"><b>{{song.songName}} </b> </span>
                    </div>
                </div>
            </div>
        </td>
        <td class=" s-fc3">
            <span class="u-dur ">
                {% if song.style == 1 %}
                华语
                {% elif song.style == 2%}
                欧美
                {% elif song.style == 3%}
                日语
                {% elif song.style == 4%}
                韩语
                {% elif song.style == 5%}
                其他
                {% endif %}
            </span>
            <div class="opt hshow">
                <span onclick='addShow("{{song.id}}")' class="icn icn-fav" title="收藏">
                </span>
```

```html
            </div>
          </td>
          <td class="">
            <div class="text">
              <span>{{song.singer}} </span>
            </div>
          </td>
        </tr>
    {% endfor %}
    </tbody>
  </table>
</div>
```

在上述代码中，由于歌曲类型存储在数据库中的是数字，所以需要使用{%if%}标签判断 song.style 的值对应的歌曲类型数字。具体实现效果如图 4-18 所示。

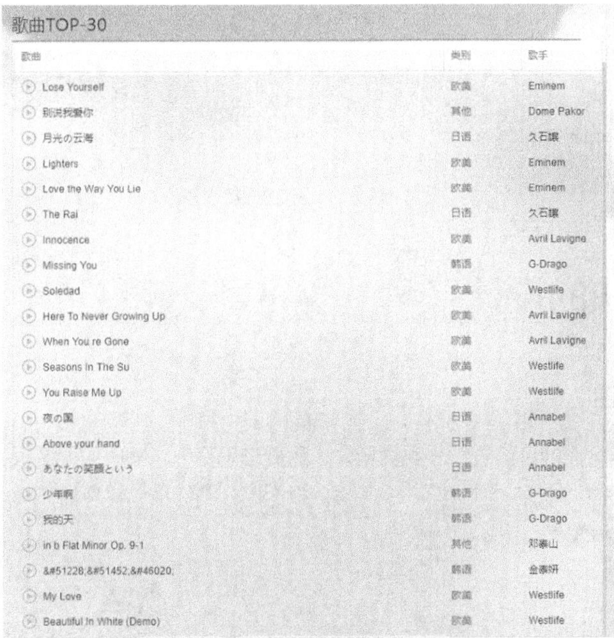

图 4-18 排行榜的页面实现效果

4.7.3 实现播放歌曲功能

在排行榜页面，单击歌曲名称左侧的"播放"图标，即可播放歌曲。由于在首页已经实现了歌曲的播放功能，所以在其他页面，可以共用首页的播放功能。在排行榜页面模板中，使用自定义函数 playA()来调用父页面的播放功能。关键代码如下。

```
<代码位置: Code\OnlineMusic\app\templates\home\toplist.html>
<script>
function playA(name,id){
    window.parent.playMusic(name,id);
}
</script>
```

在上述代码中，playA()函数接收 2 个参数，"name"表示歌曲名称，用于在播放时显示播放歌曲名称；"id"

表示歌曲的 ID，用于单击播放歌曲时更改歌曲的点击量。playA()函数调用父页面的 playMusic()函数，继而实现播放歌曲的功能，运行结果如图 4-19 所示。

图 4-19　在排行榜播放音乐

4.8　曲风模块的设计

曲风模块的设计

4.8.1　曲风模块概述

曲风模块主要是根据歌曲的风格进行分类展示。在甜橙音乐网中，歌曲主要是根据曲风分类，即分成"全部""华语""欧美""日语""韩语""其他" 6 个子类。根据此分类标准，实现曲风模块的功能。曲风模块流程图如图 4-20 所示，实现的效果如图 4-21 所示。

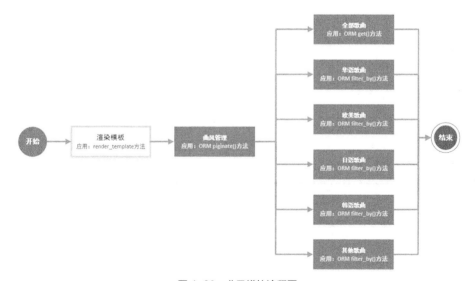

图 4-20　曲风模块流程图

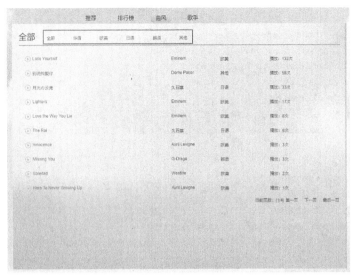

图 4-21　曲风模块的界面效果

4.8.2　实现曲风模块数据的获取

曲风模块功能和排行榜模块功能类似，区别在于排行榜模块只显示点击数量前 30 的歌曲信息，而曲风模块要显示所有的歌曲。为了更好地展示所有歌曲，还需要对歌曲进行分页。此外，还可以根据歌曲类型查找相应的歌曲。关键代码如下。

```
<代码位置: Code\OnlineMusic\app\home\views.py>
@home.route('/style_list')
def styleList():
    """
    曲风
    """
    type = request.args.get('type',0,type=int)      # 获取歌曲类型参数值
    page = request.args.get('page',type=int)         # 获取page参数值
    if type:
        page_data = Song.query.filter_by(style=type).order_by(
                    Song.hits.desc()).paginate(page=page, per_page=10)
    else:
        page_data = Song.query.order_by(Song.hits.desc()).paginate(page=page, per_page=10)
    return render_template('home/styleList.html', page_data=page_data,type=type)
    # 渲染模板
```

在上述代码中，首先判断 type 参数是否存在。如果 type 存在，则表示要筛选所有该类型的歌曲，否则，筛选所有类型的歌曲。

4.8.3　实现曲风模块页面的渲染

在 styleList() 方法中，使用 render_template() 函数渲染模板，并将 page_data 变量赋值到模板，接下来，需要在 styleList.html 模板文件中展示数据。page_data 是分页对象，page_data.items 则是所有歌曲信息的集合，在模板中可以使用 {%for%} 标签来遍历数据，关键代码如下。

```
<代码位置: Code\OnlineMusic\app\templates\home\styleList.html>
<div class="ztag j-flag" id="auto-id-oRFIQkCKNyCtcR5R">
```

```html
<div class="n-srchrst">
    <div class="srchsongst">
        {% for song in page_data.items %}
        <div class="item f-cb h-flag even ">
            <div class="td">
                <div class="hd">
                    <a class="ply " title="播放"
                        onclick='playA("{{song.songName}}","{{song.id}}");'></a>
                </div>
            </div>
            <div class="td w0">
                <div class="sn">
                    <div class="text">
                        <b title="Lose Yourself "><span
                            class="s-fc7">{{song.songName}} </span></b>
                    </div>
                </div>
            </div>
            <div class="td">
                <div class="opt hshow">
                    <span onclick='addShow("{{song.id}}")' class="icn icn-fav" title=
                    "收藏"></span>
                </div>
            </div>
            <div class="td w1">
                <div class="text">
                    {{song.singer}}
                </div>
            </div>
            <div class="td w1">
                {% if song.style == 1 %}
                    华语
                {% elif song.style == 2%}
                    欧美
                {% elif song.style == 3%}
                    日语
                {% elif song.style == 4%}
                    韩语
                {% elif song.style == 5%}
                    其他
                {% endif %}
            </div>
            <div class="td">
                播放：{{song.hits}}次
            </div>
        </div>
        {% endfor %}
    </div>
</div>
```

具体实现效果如图4-22所示。

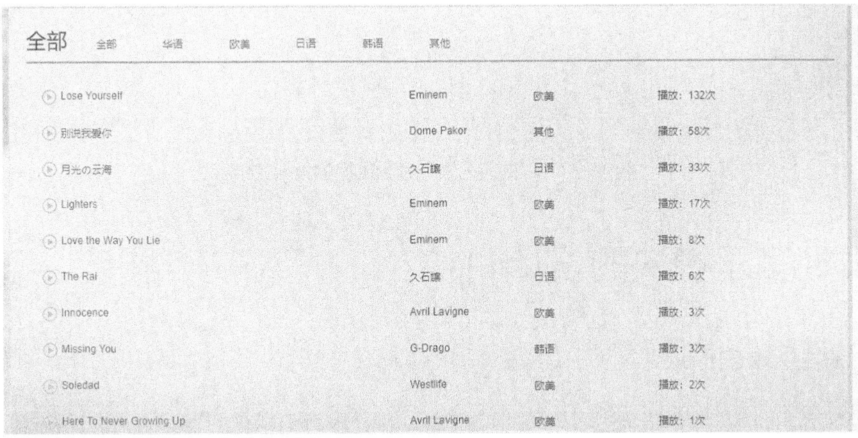

图 4-22 "曲风列表"的页面效果

4.8.4 实现曲风列表的分页功能

在曲风列表页中，由于歌曲数量较多，所以使用分页的方式展示歌曲数据。对于分页的处理，有两种情况，一种是当前页大于第一页时，分页组件显示的超链接是"第一页"和"上一页"；另一种是当前页大于第一页，而小于最大分页数时，分页组件显示的超链接则是"下一页"和"后一页"。实现分页功能的关键代码如下。

```html
<代码位置：Code\OnlineMusic\app\templates\home\styleList.html>
<table width="100%" border="0" cellspacing="0" cellpadding="0">
  <tr>
    <td height="24" align="right">
      当前页数：[{{page_data.page}}/{{page_data.pages}}] 
      <a href="{{ url_for('home.styleList',page=1,type=type) }}">第一页</a>
      {% if page_data.has_prev %}
        <a href="{{ url_for('home.styleList',page=page_data.prev_num,type=type) }}">
          上一页</a>
      {% endif %}
      {% if page_data.has_next %}
        <a href="{{ url_for('home.styleList',page=page_data.next_num,type=type) }}">
          下一页</a>
      {% endif %}
      <a href="{{ url_for('home.styleList',page=page_data.pages,type=type) }}">
        最后一页</a>
    </td>
  </tr>
</table>
```

在上述代码中，使用 page_data 分页类的相关属性。常用属性及说明如下。

- page_data.page：当前页数。
- page_data.pages：总页数。
- page_data.prev_num：上一页页数。
- page_data.next_num：下一页页数。

此外，在分页的链接中，传递了 type 参数，从而实现根据曲风类型进行分页。单击"曲风"菜单，实现效果如图 4-23 所示。

图 4-23 "曲风列表"分页组件的页面效果

4.9 发现音乐模块的设计

4.9.1 发现音乐模块概述

发现音乐模块的设计

发现音乐模块实际上就是搜索音乐的功能。在一般的音乐网站中，会提供根据歌手名、专辑名、歌曲名等检索条件进行搜索，本模块主要讲解根据"歌曲名"搜索歌曲的过程，其他搜索条件请读者自己尝试，实现原理都是相似的。搜索模块流程如图 4-24 所示，页面效果如图 4-25 所示。

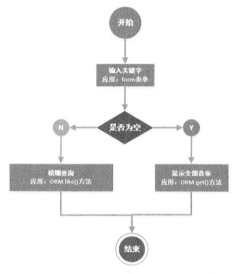

图 4-24 搜索模块流程图

图 4-25 发现音乐的界面效果

4.9.2 实现发现音乐的搜索功能

当用户在搜索栏中输入歌曲名称并单击"搜索"按钮时，程序会根据用户输入的歌曲名进行模糊查询，这就需要使用 SQL 语句中的"like"语句。实现模糊查询功能的关键代码如下。

```
<代码位置：Code\OnlineMusic\app\home\views.py>
@home.route('/search')
def search():
    keyword = request.args.get('keyword')  # 获取关键字
    page = request.args.get('page', type=int)  # 获取page参数值
    if keyword :
        keyword = keyword.strip()
        page_data = Song.query.filter(
                    Song.songName.like('%'+keyword+'%')).order_by(
                    Song.hits.desc()).paginate(page=page, per_page=10)
    else:
        page_data = Song.query.order_by(Song.hits.desc()).paginate(page=page, per_page=10)
    return render_template('home/search.html',keyword=keyword,page_data=page_data)
```

在上述代码中，首先接收用户输入的关键字"keyword"，然后去除 keyword 左右空格，防止用户误输入空格。接着，使用 like 语句并结合分页功能实现查询。

4.9.3 实现发现音乐模块页面的渲染

发现音乐模块的主要功能是搜索音乐。对于搜索框，这里使用一个 form 表单，只包含一个"keyword"字段，当单击"搜索"按钮时，以 GET 方式提交表单。最后将获取到的结果显示在该页面。渲染页面的关键代码如下。

```html
<代码位置：Code\OnlineMusic\app\templates\home\search.html>
<div class="g-bd" id="m-disc-pl-c">
  <div class="g-wrap n-srch">
    <div class="pgsrch f-pr j-suggest" id="auto-id-ErvdJrthwDvbXbzT">
      <form id="searchForm" action="" method="get">
        <input type="text" name="keyword" class="srch j-flag" value=""
          placeholder="请输入歌曲名称">
        <a hidefocus="true" href="javascript:document.getElementById('searchForm').submit();"
          class="btn j-flag"
          title="搜索" >搜索</a>
      </form>
    </div>
  </div>
  <div class="g-wrap p-pl f-pr">
    <div class="u-title f-cb">
      <h3>
        <span class="f-ff2 d-flag">搜索结果</span>
      </h3>
    </div>
    <div id="m-search">
      <div class="ztag j-flag" id="auto-id-oRFIQkCKNyCtcR5R">
        <div class="n-srchrst">
          <div class="srchsongst">
            {% for song in page_data.items%}
```

```html
<div class="item f-cb h-flag even ">
    <div class="td">
        <div class="hd">
            <a class="ply " title="播放"
                onclick='playA("{{song.songName}}","{{song.id}}");'></a>
        </div>
    </div>
    <div class="td w0">
        <div class="sn">
            <div class="text">
                <b title="{{song.songName}}"><span
                    class="s-fc7">{{song.songName}} </span></b>
            </div>
        </div>
    </div>
    <div class="td">
        <div class="opt hshow">
            <span onclick='addShow("{{song.id}}")' title="收藏"></span>
        </div>
    </div>
    <div class="td w1">
        <div class="text">
            {{song.singer}}
        </div>
    </div>
    <div class="td w1">
        {% if song.style == 1 %}
        华语
        {% elif song.style == 2%}
        欧美
        {% elif song.style == 3%}
        日语
        {% elif song.style == 4%}
        韩语
        {% elif song.style == 5%}
        其他
        {% else %}
        全部
        {% endif %}
    </div>
    <div class="td">
        播放：{{song.hits}}次
    </div>
</div>
{% endfor %}
        </div>
    </div>
  </div>
 </div>
</div>
```

在搜索框内，输入歌曲名的关键字"love"，然后单击"搜索"按钮，将会筛选出所有歌曲名称中包含"love"关键字的歌曲信息。运行效果如图 4-26 所示。

图 4-26　搜索页面运行结果

4.10　歌手模块的设计

4.10.1　歌手模块概述

歌手模块用于根据歌手分类，显示相应的歌曲列表。在甜橙音乐网中，"歌手"又根据"区域"属性划分成"全部""华语""欧美""日语""韩语""其他"等类目，方便用户根据歌手查询相应的歌曲。歌手模块流程如图 4-27 所示，具体运行效果如图 4-28 和图 4-29 所示。

图 4-27　歌手模块流程图

图 4-28　歌手列表页面

图 4-29　歌手详情页面

4.10.2　实现歌手列表功能

歌手模块的功能和曲风模块功能类似，可以根据歌手的类型查看相关歌手。所以在获取歌手信息时，需要传递歌手类型参数。关键代码如下。

```
<代码位置: Code\OnlineMusic\app\home\views.py>
@home.route('/artist_list')
def artistList():
    '''
    歌手列表
    '''
    type = request.args.get('type',0,type=int)
    page = request.args.get('page',type=int)   # 获取page参数值
    if type:
        page_data = Artist.query.filter_by(style=type).paginate(page=page, per_page=10)
    else:
        page_data = Artist.query.paginate(page=page, per_page=10)
    # 渲染模板
    return render_template('home/artistList.html', page_data=page_data,type=type)
```

歌手列表模板与曲风模块类似,这里不再赘述。具体实现效果如图 4-30 所示。

图 4-30 歌手列表的页面效果

4.10.3 实现歌手详情功能

在歌手列表页单击歌手图片,可以根据歌手 ID 跳转到歌手详情页。然后,根据歌手的主键 ID,联合查询 Song 表和 Artist 表,获取该歌手的所有歌曲信息。关键代码如下。

```
<代码位置: Code\OnlineMusic\app\home\views.py>
@home.route("/artist/<int:id>")
def artist(id=None):
    """
    歌手页
    """
    song = Song.query.join(Artist,Song.singer==Artist.artistName).filter(Artist.id==id).all()
    hot_artist = Artist.query.limit(6).all()
    # 渲染模板
    return render_template('home/artist.html',song=song,hot_artist=hot_artist)
```

在歌手列表页,单击任意"歌手"项,将显示图 4-31 所示的运行结果。

图 4-31 歌手详情页面的运行效果

4.11 我的音乐模块的设计

4.11.1 我的音乐模块概述

用户在使用甜橙音乐网时，如果遇到喜欢的音乐可以单击"收藏"按钮进行收藏。程序会先判断该用户是否已经登录，如果已经登录，可以直接收藏，否则提示提示请先登录。收藏的流程如图 4-32 所示。

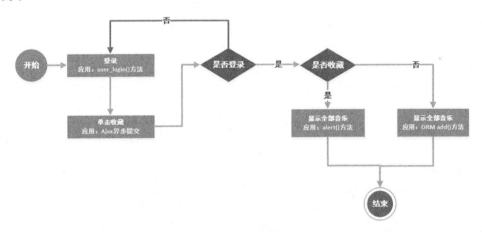

图 4-32 收藏流程图

收藏的全部音乐可以在"我的音乐"列表中查看。如图 4-33 所示。

图 4-33 收藏列表

4.11.2 实现收藏歌曲的功能

本项目中的多个页面都可以收藏歌曲，如排行榜页面、曲风页面、歌手详情页等。在这些页面中，当鼠标指针悬浮至歌曲的相应列时，即显示"收藏"图标，如图4-34所示。

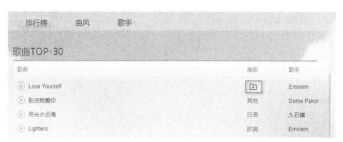

图4-34 显示收藏图标

以排行榜页面为例，当单击"收藏"图标时，将调用addShow()函数，关键代码如下。

```
<代码位置：Code\OnlineMusic\app\templates\home\toplist.html>
<script>
function addShow(id){
    window.parent.addShow(id);
}
</script>
```

在上述代码中，addShow()函数接收一个"id"参数，即收藏的歌曲ID。接下来，调用父页面的addShow()函数，即在父页面实现收藏功能。关键代码如下。

```
<代码位置：Code\OnlineMusic\app\templates\home\index.html>
// 添加收藏
function addShow(id){
    var username= '{{session['username']}}';
    if(username=="null" || username==""){
        layer.msg("收藏请先登录!",{icon:2,time:1000});
        return;
    }
    $.ajax({
        url: "{{url_for('home.collect')}}",
        type: "get",
        data: {
            id: id
        },
        success: function(res){
            if(res.status==1){
                layer.msg(res.message,{icon:1})
            }else{
                layer.msg(res.message,{icon:2})
            }
        }
    });
}
```

在上述代码中，先通过session['username']判断该用户是否登录，如果没有登录，则提示"收藏请先登录!"，运行效果如图4-35所示。

图 4-35　登录提示

如果用户已经登录,那么使用 Ajax 异步提交到 home 蓝图下的 collect() 方法,执行收藏的相关逻辑。关键代码如下。

```
<代码位置: Code\OnlineMusic\app\home\views.py>
@home.route("/collect")
@user_login
def collect():
    """
    收藏歌曲
    """
    song_id = request.args.get("id", "")      # 接收传递的参数歌曲ID
    user_id = session['user_id']              # 获取当前用户的ID
    collect = Collect.query.filter_by(        # 根据用户ID和歌曲ID判断是否该收藏
        user_id =int(user_id),
        song_id=int(song_id)
    ).count()
    res = {}
    # 已收藏
    if collect == 1:
        res['status'] = 0
        res['message'] = '已经收藏'
    # 如未收藏,则收藏
    if collect == 0:
        collect = Collect(
            user_id =int(user_id),
            song_id=int(song_id)
        )
        db.session.add(collect)       # 添加数据
        db.session.commit()           # 提交数据
        res['status'] = 1
        res['message'] = '收藏成功'
    return jsonify(res)               # 返回json数据
```

在上述代码中,首先接收歌曲 ID 和登录用户 ID。接下来,根据歌曲 ID 和用户 ID 查找 collect 表,如果表中存在记录,那么,表示该用户已经收藏了这首歌曲,提示"已经收藏",否则,将歌曲 ID 和登录用户 ID 写入 collect 表，最后使用 jsonify()函数返回 json 数据。

登录账号后，在排行榜页面选中歌曲，单击"收藏"按钮，运行结果如图 4-36 所示。再次单击"收藏"按钮，收藏该歌曲，显示"已经收藏"，运行效果如图 4-37 所示。

图 4-36　提示收藏成功

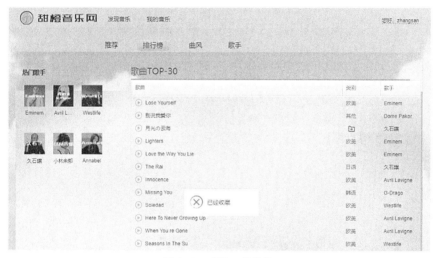

图 4-37　提示已经收藏

4.11.3　实现我的音乐功能

用户收藏完歌曲后，可以单击"我的音乐"菜单查看所有收藏的音乐。收藏音乐信息来源于 collect 表，根据当前用户的 ID 查询该用户收藏的所有歌曲，关键代码如下。

```
<代码位置：Code\OnlineMusic\app\home\views.py>
@home.route("/collect_list")
@user_login
def collectList():
    page = request.args. get('page',type=int)    # 获取page参数值
    page_data = Collect.query.paginate(page=page, per_page=10)
```

```python
    return render_template('home/collectList.html',page_data=page_data)
```
接下来,渲染我的音乐模板页面。关键代码如下。

<代码位置:Code\OnlineMusic\app\templates\home\collect_list.html>

```html
<div class="ztag j-flag" id="auto-id-oRFIQkCKNyCtcR5R">
    <div class="n-srchrst">
        <div class="srchsongst">
            {% for collect in page_data.items %}
            <div class="item f-cb h-flag even ">
                <div class="td">
                    <div class="hd">
                        <a class="ply " title="播放" onclick='playA("{{collect.song.songName}}","{{collect.song.id}}");'></a>
                    </div>
                </div>
                <div class="td w0">
                    <div class="sn">
                        <div class="text">
                            <b title="Lose Yourself "><span
                                    class="s-fc7">{{collect.song.songName}}</span></b>
                        </div>
                    </div>
                </div>

                <div class="td w1">
                    <div class="text">
                        {{collect.song.singer}}
                    </div>
                </div>
                <div class="td w1">
                    {% if collect.song.style == 1 %}
                    华语
                    {% elif collect.song.style == 2%}
                    欧美
                    {% elif collect.song.style == 3%}
                    日语
                    {% elif collect.song.style == 4%}
                    韩语
                    {% elif collect.song.style == 5%}
                    其他
                    {% endif %}
                </div>
                <div class="td">
                    播放:{{collect.song.hits}}次
                </div>
            </div>
            {% endfor %}
        </div>
    </div>
</div>
```

运行结果如图 4-38 所示。

图 4-38　我的音乐页面效果

小　结

  本章运用软件工程的设计思想，通过开发一个完整的甜橙音乐网带领读者详细走完一个系统的开发流程。在程序开发过程中，采用了 Flask 作为后端开发语言，结合 jQuery 库和 iPlayer 组件等 Web 前端技术，使整个系统的视觉体验效果更加完美。通过本章的学习，读者不仅可以了解一般网站的开发流程，而且应该对前端技术有了比较深入的了解，掌握这些知识将对以后的开发工作大有裨益。

习　题

4-1　如何实现根据点击歌曲的次数多少进行排序？

4-2　如何实现根据歌曲名称模糊查询？

第5章

案例3：基于Flask的51商城

购物网站是大家日常生活中密不可分的一部分，只要有网络和相应的设备就能做到足不出户，选购商品，并且可以享受商品送货上门的服务。虽然国内已经有很多的购物网站，但是没有一个网站可以把自己的制作细节介绍给大家，本章将使用Python语言开发一个购物网站，并介绍开发时需要了解和掌握的相关开发细节。

本章要点

- 使用蓝图分隔前后台应用
- 使用Flask-SQLAlchemy扩展实现ORM
- 使用Flask-Migrate扩展实现数据迁移
- 使用WTForms自定义验证函数
- 使用Werkzeug库中的security实现散列密码
- 使用functools中的wraps实现验证装饰器
- 使用PIL模块生成验证码

5.1 需求分析

为满足用户的基本购物需求，本系统应该具备以下功能。
- 首页幻灯片展示功能。
- 首页商品展示功能，包括展示最新上架商品、展示打折商品和展示热门商品等功能。
- 商品展示功能，可以用于展示商品的详细信息。
- 加入购物车功能，用户可以将商品添加至购物车。
- 查看购物车功能，用户可以查看购物车中的所有商品，可以更改购买商品的数量，可以清空购物车等。
- 填写订单功能，用户可以填写地址信息，用于接收商品。
- 提交订单功能，用户提交订单后，显现支付宝收款码。
- 查看订单功能，用户提交订单后可以查看订单详情。
- 会员管理功能，包括用户注册、登录和注销等。
- 后台管理商品功能，包括新增商品、编辑商品、删除商品和查看商品排行等。
- 后台管理会员功能，包括查看会员信息等。
- 后台管理订单功能，包括查看订单信息等。

5.2 系统设计

5.2.1 系统功能结构

51商城共分为两个部分，前台主要实现商品展示及销售，后台主要是对商城中的商品信息、会员信息，以及订单信息进行有效的管理等。其详细功能结构如图5-1所示。

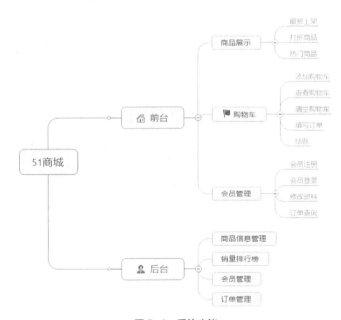

图5-1 系统功能

5.2.2 系统业务流程

在开发 51 商城前,需要先了解商城的业务流程。根据对其他网上商城的业务分析,并结合自己的需求,设计出图 5-2 所示的 51 商城的系统业务流程图。

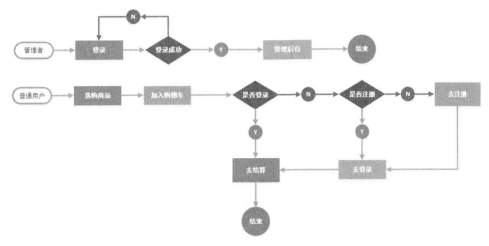

图 5-2 业务流程图

5.2.3 系统预览

用户通过浏览器首先进入的是商城首页,如图 5-3 所示。在商城首页可以浏览最新上架商品和热卖商品,也可以根据分类浏览对应商品。

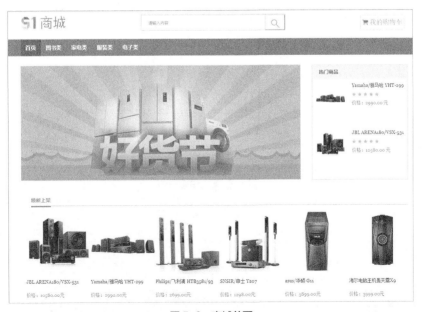

图 5-3 商城首页

用户选中商品后,单击商品进入商品详情页,如图 5-4 所示。在商品详情页,用户可以将商品加入购物车,并选择商品数量,如图 5-5 所示。购买完商品后,可以查看订单,如图 5-6 所示。

图 5-4　商品详情页

图 5-5　购物车页面

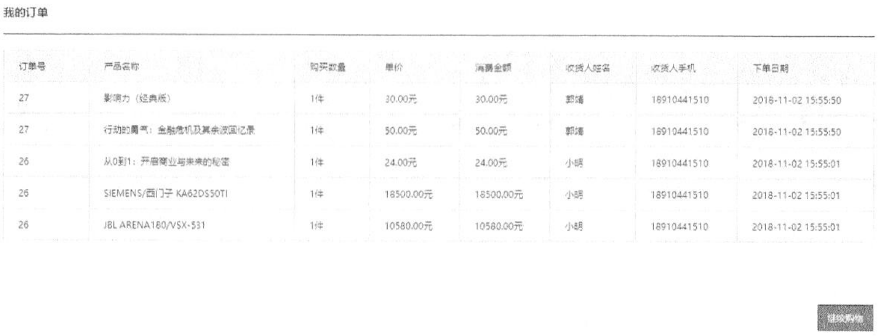

图 5-6　商品订单

管理员登录后,可以在后台管理商城系统。商品管理模块如图 5-7 所示。添加商品信息页面效果如图 5-8 所示。管理员还可以查看销量排行榜,如图 5-9 所示。查看会员信息如图 5-10 所示。

图 5-7　商品管理模块

图 5-8　添加商品信息页面的运行结果

图 5-9　销量排行榜页面的运行效果

图 5-10　会员信息管理页面的运行结果

5.3　系统开发必备

5.3.1　系统开发环境

系统开发必备

本系统的开发软件及运行环境具体如下。
- 操作系统：Windows 7 及以上。
- 虚拟环境：virtualenv。
- 数据库：PyMySQL 驱动+ MySQL。
- 开发工具：PyCharm / Sublime Text 3 等。
- Python Web 框架：Flask。
- 浏览器：Chrome 浏览器。

5.3.2　文件夹组织结构

本项目采用 Flask 微型 Web 框架进行开发。由于 Flask 框架的灵活性，所以可以任意组织项目的目录结构。在 51 商城项目中，使用包和模块方式组织程序。文件夹组织结构如图 5-11 所示。

图 5-11　文件夹组织结构

在图 5-11 所示的文件夹组织结构中，有 3 个顶级文件夹。

- app：Flask 程序的包名，一般都命名为 app。该文件夹下还包含两个包：home（前台）和 admin（后台）。每个包下又包含 3 个文件：__init__.py（初始化文件）、forms.py（表单文件）和 views.py（路由文件）。
- migrations：数据库迁移脚本。
- venv：Python 虚拟环境。

同时还创建了一些新文件。

- manage.py：用于启动程序以及其他程序任务。
- config.py：存储配置。
- requirements.txt：列出了所有依赖包，便于在其他计算机中重新生成相同的虚拟环境。

在本项目中，使用 Flask-Script 扩展以命令行方式生成数据库表和启动服务。生成数据表的命令如下：

```
python manage.py db init       # 创建迁移仓库，首次使用
python manage.py db migrate    # 创建迁移脚本
python manage.py db upgrade    # 把迁移应用到数据库中
```

启动服务的命令如下：

```
python manage.py runserver
```

5.4 技术准备

5.4.1 Flask-SQLAlchemy 扩展

Flask-SQLAlchemy 扩展

SQLAlchemy 是常用的数据库抽象层和数据库关系映射包，并且需要一些设置才可以使用，因此通常使用 Flask 中的扩展——Flask-SQLAlchemy 来操作 SQLAlchemy。

1. 安装 Flask-SQLAlchemy

使用 pip 工具来安装 Flask-SQLAlchemy，安装方式非常简单，在 venv 虚拟环境下使用如下命令。

```
pip install Flask-SQLalchemy
```

2. 基本使用

使用 Flask-SQLAlchemy 前，需要在 app 实例的全局配置中配置相关属性，然后实例化 SQLAlchemy 类，最后调用 create_all() 方法来创建数据表。创建 manage.py 文件的代码如下。

```python
from flask import Flask
from flask_sqlalchemy import SQLAlchemy
import pymysql

app = Flask(__name__)
# 基本配置
app.config['SQLALCHEMY_TRACK_MODIFICATIONS'] = True
app.config['SQLALCHEMY_DATABASE_URI'] = (
    'mysql+pymysql://root:root@localhost/flask_demo'
)
db = SQLAlchemy(app)  # 实例化SQLAlchemy类
# 创建数据表类
class User(db.Model):
    id = db.Column(db.Integer, autoincrement=True,primary_key=True)
    username = db.Column(db.String(80),unique=True,nullable=False)
    email = db.Column(db.String(120),unique=True,nullable=False)
```

```
    def __repr__(self):
        return '<User %r>' % self.username

if __name__ == "__main__":
    db.create_all()  # 执行创建命令
```

在上述代码中，app.config['SQLALCHEMY_TRACK_MODIFICATIONS'] 如果设置成 True（默认情况），Flask-SQLAlchemy 将会追踪对象的修改并发送信号。这需要额外的内存，如果不必要，可以设置为 False 禁用它。app.config['SQLALCHEMY_DATABASE_URI'] 用于连接数据库的数据库. 例如：

```
sqlite:////tmp/test.db
mysql://username:password@server/db
```

接下来，实例化 SQLAlchemy 类并赋值给 db 对象，然后创建需要映射的数据表类 User。User 类需要继承 db.Model，类属性对应表的字段。例如，id 字段使用 db.Integer 表示是整型数据，用 key=True 表示 id 为主键；username 字段使用 db.String(80)表示长度为 80 的字符串型数据，使用 unique=True 表示用户名唯一，并且使用 nullable=False 表示不能为空。

最后，使用 db.create_all()方法创建所有表。

创建一个 flask_demo 数据库，然后执行命令 python manage.py。此时，数据库中新增一个 user 表，使用可视化工具 Navicat 查看 user 表结构，如图 5-12 所示。

图 5-12 Flask-SQLAlchemy 生成数据表

3. 定义关系

数据表之间的关系通常包括一对一、一对多和多对多关系。下面以"用户—文章"模型为例，介绍如何使用 Flask-SQLAlchemy 定义一对多关系。

在"用户—文章"模型中，一个作者可以写多篇文章，而一篇文章必然属于一个用户。所以，作者和文章是一个典型的一对多关系。在 manage.py 文件中编写这两种对应关系。代码如下。

```
class User(db.Model):
    id = db.Column(db.Integer,primary_key=True)
    username = db.Column(db.String(80),unique=True,nullable=False)
    email = db.Column(db.String(120),unique=True,nullable=False)
    articles = db.relationship('Article')

    def __repr__(self):
        return '<User %r>' % self.username

class Article(db.Model):
    id = db.Column(db.Integer,primary_key=True)
    title = db.Column(db.String(80),index=True)
    content = db.Column(db.Text)
    user_id = db.Column(db.Integer,db.ForeignKey('user.id'))
```

```
    def __repr__(self):
        return '<Article %r>' % self.title
```

在上述代码中，User 类（"一对多"关系中的"一"）添加了一个 articles 属性，这个属性并没有使用 Column 类声明为列，而是使用 db.relationship() 来定义关系属性，relationship() 参数是另一侧的类名称。当调用 User.articles 时返回多个记录，也就是该用户对应的所有文章。

在 Article 类（"一对多"关系中的"多"）添加了一个 user_id 属性，使用 db.ForeignKey() 将其设置为外键。外键（foreign key）是用来在 Article 表存储 User 表的主键值，以便和 User 表建立联系的关系字段。db.ForeignKey('user.id')中的参数"user"是 User 类对应的表名，id 则是 user 表的主键。

再次执行命令 python manage.py，在 flask_demo 数据库中新增一个 article 表。article 表结构的外键如图 5-13 所示。

图 5-13 article 表结构的外键

5.4.2 Flask-Migrate 扩展

在实际开发过程中通常需要更新数据表结构，例如，在 user 表中新增一个 gender 字段，需要在 User 类中添加如下一行代码。

```
gender = db.Column(db.BOOLEAN,default=True)
```

Flask-Migrate 扩展

添加完成后，执行 python manage.py 命令后发现表结构并没有变化，这是因为重新调用 create_all() 方法不会起到更新表或重新创建表的作用。需要先使用 drop_all() 方法删除表，但是如果这样，表中的数据也会随之消失。SQLAlchemy 的开发者 Michael Bayer 编写了一个数据库迁移工具 Alembic 可以实现数据库的迁移。它可以在不破坏数据的情况下更新数据表结构。

Flask-Migrate 扩展集成了 Alembic，提供了一些 Flask 命令来完成数据迁移。下面介绍如何使用 Flask-Migrate 实现数据迁移。

1. 安装 Flask-Migrate

使用 pip 工具来安装 Flask-Migrate，安装方式非常简单，在 venv 虚拟环境下使用如下命令。

```
pip install Flask-Migrate
```

Flask-Migrate 提供了一个命令集，使用 db 作为命令集名称，可以执行"flask db --help"命令查看 Flak-Migrate 的基本使用，如图 5-14 所示。

2. 创建迁移环境

修改 5.4.1 节中的 manage.py 文件，新增 2 行代码。首先从 flask_migrate 中引入 Migrate 类，然后实例化 Migrate 类。关键代码如下。

```
from flask import Flask
from flask_sqlalchemy import SQLAlchemy
import pymysql
from flask_migrate import Migrate  # 新增代码，导入Migrate

app = Flask(__name__)  # 创建Flask应用
```

```
app.config['SQLALCHEMY_TRACK_MODIFICATIONS'] = True
app.config['SQLALCHEMY_DATABASE_URI'] = (
        'mysql+pymysql://root:root@localhost/flask_demo'
        )
db = SQLAlchemy(app)
migrate = Migrate(app,db) # 新增代码，创建Migrate实例

class User(db.Model):
    id = db.Column(db.Integer,primary_key=True)
    # 省略部分代码

class Article(db.Model):
    # 省略部分代码

if __name__ == "__main__":
    db.create_all()
```

在上述代码中，在实例化 Migrate 类时传入了 2 个参数，第一个参数"app"是程序实例 app，第二个参数"db"是 SQLAlchemy 类创建的对象。

```
$ flask db --help
Usage: flask db [OPTIONS] COMMAND [ARGS]...

  Perform database migrations.

Options:
  --help  Show this message and exit.

Commands:
  branches   Show current branch points
  current    Display the current revision for each database.
  downgrade  Revert to a previous version
  edit       Edit a revision file
  heads      Show current available heads in the script directory
  history    List changeset scripts in chronological order.
  init       Creates a new migration repository.
  merge      Merge two revisions together, creating a new revision file
  migrate    Autogenerate a new revision file (Alias for 'revision...
  revision   Create a new revision file.
  show       Show the revision denoted by the given symbol.
  stamp      'stamp' the revision table with the given revision; don't run...
  upgrade    Upgrade to a later version
```

图 5-14　Flask-Migrate 常用命令

接下来，需要使用 FLASK_APP 环境变量定义如何载入应用。对于不同的操作系统，命令有所不同。

```
Windows :
set FLASK_APP=manage.py
UNIX Bash ( Linux 、Mac 及其他):
export FLASK_APP=manage.py
```

> **说明**　FLASK_APP=manage.py 之间没有空格。当关闭命令行窗口时，这里的设置失效。下次使用时，需要再次设置 FLASK_APP 环境变量。

准备就绪，开始创建一个迁移环境，执行如下命令。

```
flask db init
```

执行完成后，在项目根目录下自动生成了一个 migrations 文件夹，其中包含了配置文件和迁移版本文件，如图 5-15 所示。

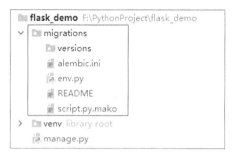

图 5-15 新增 migration 文件夹

3. 生成迁移脚本

创建完迁移环境后,可以执行如下命令自动生成迁移脚本。

```
flask db migrate -m "add gender for user table"
```

执行完成后,会在"migrations/versions/"目录下生成一个迁移脚本文件,关键代码如下。

```
def upgrade():
    ### commands auto generated by Alembic - please adjust! ###
    op.add_column('user', sa.Column('gender', sa.BOOLEAN(), nullable=True))
    # ### end Alembic commands ###

def downgrade():
    # ### commands auto generated by Alembic - please adjust! ###
    op.drop_column('user', 'gender')
    # ### end Alembic commands ###
```

在上述代码中,update()函数主要用于将改动应用到数据库,downgrade()函数主要用于撤销改动。

 因为每一次迁移都会生成新的迁移脚本,而且 Alembic 为每一次迁移都生成了修订版本 ID,所以数据库可以恢复到修改历史中的任意版本。

4. 更新数据库

生成迁移脚本后,接下来可以使用如下命令更新数据库。

```
flask db upgrade
```

执行完成后,flask_demo 数据库中新增了一个 alembic_version 表,用于记录当前版本号。修改的 user 表中新增了一个 gender 字段。

 迁移环境只需要创建一次,也就是说下次修改表时,只需要执行 flask db migrate 和 flask db upgrade 命令即可。

5.5 数据库设计

5.5.1 数据库概要说明

数据库设计

本项目采用 MySQL 数据库,数据库名称为 shop。读者可以使用 MySQL 命令行方式或 MySQL 可视化管理工具（如 Navicat）创建数据库。使用命令行方式如下。

```
create database shop default character set utf8;
```

5.5.2 创建数据表

创建完数据库后，需要数据表。本项目包含 8 张数据表，数据表名称及作用如表 5-1 所示。

表 5-1 数据库表结构

表名	含义	作用
admin	管理员表	用于存储管理员用户信息
user	用户表	用于存储用户的信息
goods	商品表	用于存储商品信息
cart	购物车表	用于存储购物车信息
orders	订单表	用于存储订单信息
orders_detail	订单明细表	用于存储订单明细信息
supercat	商品大分类表	用于存储商品大分类信息
subcat	商品小分类表	用于存储商品小分类信息

本项目使用 SQLAlchemy 进行数据库操作，将所有的模型放置到一个单独的 models 模块中，使程序的结构更加明晰。SQLAlchemy 是一个常用的数据库抽象层和数据库关系映射包，并且需要一些设置才可以使用，因此使用 Flask-SQLAlchemy 扩展来操作它。

由于篇幅有限，这里只给出 models.py 模型文件中比较重要的代码。关键代码如下。

```
<代码位置: Code\Shop\app\models.py >
from . import db
from datetime import datetime

# 会员数据模型
class User(db.Model):
    __tablename__ = "user"
    id = db.Column(db.Integer, primary_key=True)  # 编号
    username = db.Column(db.String(100)) # 用户名
    password = db.Column(db.String(100)) # 密码
    email = db.Column(db.String(100), unique=True)  # 邮箱
    phone = db.Column(db.String(11), unique=True)  # 手机号
    consumption = db.Column(db.DECIMAL(10, 2), default=0)  # 消费额
    addtime = db.Column(db.DateTime, index=True, default=datetime.now)  # 注册时间
    orders = db.relationship('Orders', backref='user')  # 订单外键关系关联

    def __repr__(self):
        return '<User %r>' % self.name

    def check_password(self, password):
        """
        检测密码是否正确
        :param password: 密码
        :return: 返回布尔值
        """
```

```python
        from werkzeug.security import check_password_hash
        return check_password_hash(self.password, password)


# 管理员
class Admin(db.Model):
    __tablename__ = "admin"
    id = db.Column(db.Integer, primary_key=True)  # 编号
    manager = db.Column(db.String(100), unique=True)  # 管理员账号
    password = db.Column(db.String(100))  # 管理员密码

    def __repr__(self):
        return "<Admin %r>" % self.manager

    def check_password(self, password):
        """
        检测密码是否正确
        :param password: 密码
        :return: 返回布尔值
        """
        from werkzeug.security import check_password_hash
        return check_password_hash(self.password, password)


# 大分类
class SuperCat(db.Model):
    __tablename__ = "supercat"
    id = db.Column(db.Integer, primary_key=True)  # 编号
    cat_name = db.Column(db.String(100))  # 大分类名称
    addtime = db.Column(db.DateTime, index=True, default=datetime.now)  # 添加时间
    subcat = db.relationship("SubCat", backref='supercat')  # 外键关系关联
    goods = db.relationship("Goods", backref='supercat')  # 外键关系关联

    def __repr__(self):
        return "<SuperCat %r>" % self.cat_name


# 子分类
class SubCat(db.Model):
    __tablename__ = "subcat"
    id = db.Column(db.Integer, primary_key=True)  # 编号
    cat_name = db.Column(db.String(100))  # 子分类名称
    addtime = db.Column(db.DateTime, index=True, default=datetime.now)  # 添加时间
    super_cat_id = db.Column(db.Integer, db.ForeignKey('supercat.id'))  # 所属大分类
    goods = db.relationship("Goods", backref='subcat')  # 外键关系关联

    def __repr__(self):
        return "<SubCat %r>" % self.cat_name


# 商品
class Goods(db.Model):
    __tablename__ = "goods"
    id = db.Column(db.Integer, primary_key=True)  # 编号
    name = db.Column(db.String(255))  # 名称
```

```python
    original_price = db.Column(db.DECIMAL(10,2))  # 原价
    current_price = db.Column(db.DECIMAL(10,2))  # 现价
    picture = db.Column(db.String(255))  # 图片
    introduction = db.Column(db.Text)  # 商品简介
    views_count = db.Column(db.Integer,default=0)  # 浏览次数
    is_sale = db.Column(db.Boolean(), default=0)  # 是否特价
    is_new = db.Column(db.Boolean(), default=0)  # 是否新品

    # 设置外键
    supercat_id = db.Column(db.Integer, db.ForeignKey('supercat.id'))  # 所属大分类
    subcat_id = db.Column(db.Integer, db.ForeignKey('subcat.id'))  # 所属小分类
    addtime = db.Column(db.DateTime, index=True, default=datetime.now)  # 添加时间
    cart = db.relationship("Cart", backref='goods')  # 订单外键关系关联
    orders_detail = db.relationship("OrdersDetail", backref='goods')# 订单外键关系关联

    def __repr__(self):
        return "<Goods %r>" % self.name

# 购物车
class Cart(db.Model):
    __tablename__ = 'cart'
    id = db.Column(db.Integer, primary_key=True)  # 编号
    goods_id = db.Column(db.Integer, db.ForeignKey('goods.id'))  # 所属商品
    user_id = db.Column(db.Integer)  # 所属用户
    number = db.Column(db.Integer, default=0)  # 购买数量
    addtime = db.Column(db.DateTime, index=True, default=datetime.now)  # 添加时间
    def __repr__(self):
        return "<Cart %r>" % self.id

# 订单
class Orders(db.Model):
    __tablename__ = 'orders'
    id = db.Column(db.Integer, primary_key=True)  # 编号
    user_id = db.Column(db.Integer, db.ForeignKey('user.id'))  # 所属用户
    recevie_name = db.Column(db.String(255))  # 收款人姓名
    recevie_address = db.Column(db.String(255))  # 收款人地址
    recevie_tel = db.Column(db.String(255))  # 收款人电话
    remark = db.Column(db.String(255))  # 备注信息
    addtime = db.Column(db.DateTime, index=True, default=datetime.now)  # 添加时间
    orders_detail = db.relationship("OrdersDetail", backref='orders')  # 外键关系关联
    def __repr__(self):
        return "<Orders %r>" % self.id

class OrdersDetail(db.Model):
    __tablename__ = 'orders_detail'
    id = db.Column(db.Integer, primary_key=True)  # 编号
    goods_id = db.Column(db.Integer, db.ForeignKey('goods.id'))  # 所属商品
    order_id = db.Column(db.Integer, db.ForeignKey('orders.id'))  # 所属订单
    number = db.Column(db.Integer, default=0)  # 购买数量
```

5.5.3 数据表关系

本项目的数据表之间存在多个数据关系，如一个大分类（supercat 表）对应多个小分类（subcat 表），而每个大分类和小分类下又对应多个商品（goods 表）。一个购物车（cart 表）对应多个商品（goods 表），一个订单（orders 表）又对应多个订单明细（orders_detail 表）。使用 ER 图来直观地展现数据表之间的关系，如图 5-16 所示。

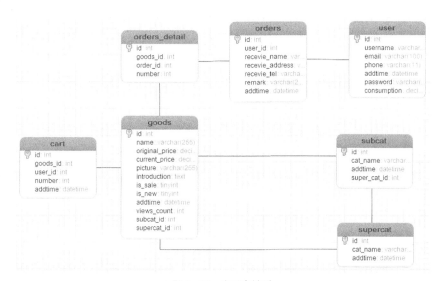

图 5-16　主要表关系

5.6　会员注册模块设计

5.6.1　会员注册模块概述

会员注册模块主要用于实现新用户注册成为网站会员的功能。在会员注册页面中，用户需要填写会员信息，然后单击"同意协议并注册"按钮，程序将自动验证输入的用户名是否唯一，如果唯一，就把填写的会员信息保存到数据库中；否则给出提示，需要修改至唯一后，方可完成注册。另外，程序还将验证输入的信息是否合法，例如，不能输入中文的用户名等。会员注册流程如图 5-17 所示，页面运行结果如图 5-18 所示。

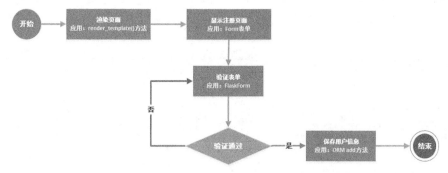

图 5-17　会员注册流程

图 5-18　会员注册页面运行结果

5.6.2　会员注册页面

在会员注册页面的表单中，用户需要填写用户名、密码、确认密码、联系电话和邮箱信息。对于用户提交的信息，网站后台必须进行验证。验证内容包括用户名和密码是否为空，密码和确认密码是否一致，电话和邮箱格式是否正确等。在本项目中，使用 Flask-WTF 来创建表单。

1. 创建注册页面表单

在 app\home\forms.py 文件中，创建 RegiserForm 类继承 FlaskForm 类。在 RegisterForm 类中，定义注册页面表单中的每个字段类型、验证规则以及字段的相关属性等信息。例如，定义 username 表示用户名，因为该字段类型是字符串型，所以需要从 wtforms 导入 StringField。因为对于用户名，设置规则为不能为空，长度为 3~50。所以，将 validators 设置为一个列表，包含 DataRequired() 和 Length() 两个函数。而由于 Flask-WTF 并没有提供验证邮箱和验证手机号的功能，所以需要自定义 vilidata_email() 和 validate_phone() 这 2 个函数来实现。具体代码如下。

```
<代码位置：Code\home\forms.py >
from flask_wtf import FlaskForm
from wtforms import StringField, PasswordField, SubmitField, TextAreaField
from wtforms.validators import DataRequired, Email, Regexp, EqualTo, ValidationError, Length

class RegisterForm(FlaskForm):
    """
    用户注册表单
    """
    username = StringField(
        label= "账户：",
        validators=[
            DataRequired("用户名不能为空！"),
```

```python
            Length(min=3, max=50, message="用户名长度必须在3~10位")
        ],
        description="用户名",
        render_kw={
            "type"       : "text",
            "placeholder": "请输入用户名！",
            "class":"validate-username",
            "size" : 38,
        }
    )
    phone = StringField(
        label="联系电话：",
        validators=[
            DataRequired("手机号不能为空！"),
            Regexp("1[34578][0-9]{9}", message="手机号码格式不正确")
        ],
        description="手机号",
        render_kw={
            "type": "text",
            "placeholder": "请输入联系电话！",
            "size": 38,
        }
    )
    email = StringField(
        label = "邮箱：",
        validators=[
            DataRequired("邮箱不能为空！"),
            Email("邮箱格式不正确！")
        ],
        description="邮箱",
        render_kw={
            "type": "email",
            "placeholder": "请输入邮箱！",
            "size": 38,
        }
    )
    password = PasswordField(
        label="密码：",
        validators=[
            DataRequired("密码不能为空！")
        ],
        description="密码",
        render_kw={
            "placeholder": "请输入密码！",
            "size": 38,
        }
    )
    repassword = PasswordField(
        label= "确认密码：",
        validators=[
            DataRequired("请输入确认密码！"),
```

```
            EqualTo('password', message="两次密码不一致！")
        ],
        description="确认密码",
        render_kw={
            "placeholder": "请输入确认密码！",
            "size": 38,
        }
    )
    submit = SubmitField(
        '同意协议并注册',
        render_kw={
            "class": "btn btn-primary login",
        }
    )

    def validate_email(self, field):
        """
        检测注册邮箱是否已经存在
        :param field: 字段名
        """
        email = field.data
        user = User.query.filter_by(email=email).count()
        if user == 1:
            raise ValidationError("邮箱已经存在！")
    def validate_phone(self, field):
        """
        检测手机号是否已经存在
        :param field: 字段名
        """
        phone = field.data
        user = User.query.filter_by(phone=phone).count()
        if user == 1:
            raise ValidationError("手机号已经存在！")
```

  自定义验证函数的格式为"validate_+字段名"，如自定义的验证手机号的函数为"validate_phone"。

2. 显示注册页面

本项目中，所有模板文件均存储在"app/templates/"路径下。如果是前台模板文件，则存放于"app/templates/home/"路径下。在该路径下，创建regiter.html作为前台注册页面模板。接下来，需要使用@home.route()装饰器定义路由，并使用render_template()函数来渲染模板。关键代码如下：

```
<代码位置：Code\Shop\app\home\views.py >
@home.route("/login/", methods=["GET", "POST"])
def login():
    """
    登录
```

```python
"""
form = LoginForm()                    # 实例化LoginForm类
# 省略部分代码

return render_template("home/login.html",form=form)  # 渲染登录页面模板
```

上述代码中，实例化 LoginForm 类并为 form 变量赋值，最后在 render_template()函数中传递该参数。

我们已经使用了 Flask-Form 来设置表单字段，那么在模板文件中，可以直接使用 form 变量来设置表单中的字段。例如，用户名字段（username）就可以使用 form.username 来代替。关键代码如下。

<代码位置：Code\Shop\app\templates\home\register.html >

```html
<form action="" method="post" class="form-horizontal">
  <fieldset>
    <div class="form-group">
      <div class="col-sm-4 control-label">
        {{form.username.label}}
      </div>
      <div class="col-sm-8">
        <!-- 账户文本框 -->
        {{form.username}}
        {% for err in form.username.errors %}
        <span class="error">{{ err }}</span>
        {% endfor %}
      </div>
    </div>
    <div class="form-group">
      <div class="col-sm-4 control-label">
        {{form.password.label}}
      </div>
      <div class="col-sm-8">
        <!-- 密码文本框 -->
        {{form.password}}
        {% for err in form.password.errors %}
        <span class="error">{{ err }}</span>
        {% endfor %}
      </div>
    </div>
    <div class="form-group">
      <div class="col-sm-4 control-label">
        {{form.repassword.label}}
      </div>
      <div class="col-sm-8">
        <!-- 确认密码文本框 -->
        {{form.repassword}}
        {% for err in form.repassword.errors %}
        <span class="error">{{ err }}</span>
        {% endfor %}
      </div>
    </div>
    <div class="form-group">
```

```html
                <div class="col-sm-4 control-label">
                    {{form.phone.label}}
                </div>
                <div class="col-sm-8" style="clear: none;">
                    <!-- 输入联系电话的文本框 -->
                    {{form.phone}}
                    {% for err in form.phone.errors %}
                    <span class="error">{{ err }}</span>
                    {% endfor %}
                </div>
            </div>
            <div class="form-group">
                <div class="col-sm-4 control-label">
                    {{form.email.label}}
                </div>
                <div class="col-sm-8" style="clear: none;">
                    <!-- 输入邮箱的文本框 -->
                    {{form.email}}
                    {% for err in form.email.errors %}
                    <span class="error">{{ err }}</span>
                    {% endfor %}
                </div>
            </div>
            <div class="form-group">
                <div style="float: right; padding-right: 216px;">
                    51商城<a href="#" style="color: #0885B1;">《使用条款》</a>
                </div>
            </div>
            <div class="form-group">
                <div class="col-sm-offset-4 col-sm-8">
                    {{ form.csrf_token }}
                    {{ form.submit }}
                </div>
            </div>
            <div class="form-group" style="margin: 20px;">
                <label>已有账号! <a
                    href="{{url_for('home.login')}}">去登录</a>
                </label>
            </div>
        </fieldset>
    </form>
```

渲染模板后,当访问网址"127.0.0.1:5000/register"时,运行效果如图 5-19 所示。

表单中使用{{form.csrf_token}}来设置一个隐藏域字段 csrf_token,该字段用于防止 CSRF 攻击。

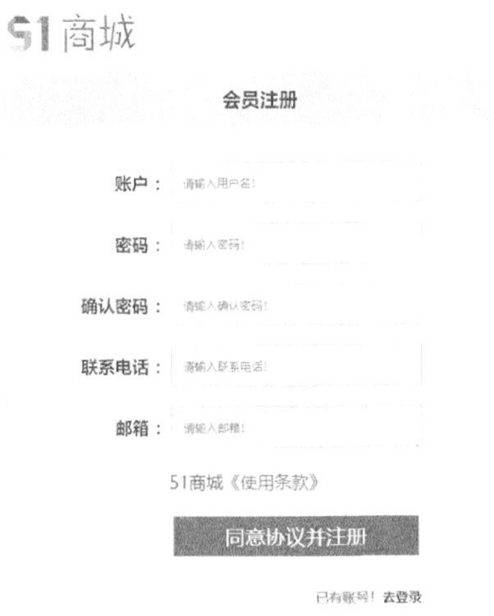

图 5-19　会员注册页面效果

5.6.3　验证并保存注册信息

当用户填写注册信息并单击"同意协议并注册"按钮时，程序将以 POST 方式提交表单。提交路径是 form 表单的"action"属性值。在 register.html 中 action=""，也就是提交到当前 URL。

在 register() 方法中，使用 form.validate_on_submit() 来验证表单信息，如果验证失败，则在页面返回相应的错误信息。验证全部通过后，将用户注册信息写入 user 表中。具体代码如下。

```
<代码位置：Code\Shop\app\home\views.py >
@home.route("/register/", methods=["GET", "POST"])
def register():
    """
    注册功能
    """
    if "user_id" in session:
        return redirect(url_for("home.index"))
    form = RegisterForm()                                    # 导入注册表单
    if form.validate_on_submit():                            # 提交注册表单
        data = form.data                                     # 接收表单数据
        # 为User类属性赋值
        user = User(
            username = data["username"],                     # 用户名
            email = data["email"],                           # 邮箱
            password = generate_password_hash(data["password"]),# 对密码加密
            phone = data['phone']
        )
        db.session.add(user)                                 # 添加数据
        db.session.commit()                                  # 提交数据
        return redirect(url_for("home.login"))               # 登录成功，跳转到首页
    return render_template("home/register.html", form=form)  # 渲染模板
```

在注册页面输入注册信息，当密码和确认密码不一致时，提示图 5-20 所示的错误信息。当联系电话格式错误时，提示图 5-21 所示的错误信息。验证通过后，则将注册用户信息保存到 user 表中，并跳转到登录页面。

图 5-20　密码不一致　　　　　　　图 5-21　手机号码格式错误

5.7　会员登录模块设计

5.7.1　会员登录模块概述

会员登录模块设计

会员登录模块主要用于实现网站的会员功能。在该页面中，会员填写用户名、密码和验证码（如果验证码看不清楚，可以单击验证码图片刷新该验证码），单击"登录"按钮，即可实现会员登录；没有输入用户名、密码或者验证码，都将给予提示。另外，验证码输入错误也将给予提示。登录流程如图5-22所示，登录页面效果如图 5-23 所示。

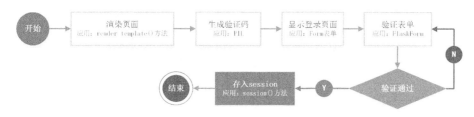

图 5-22　会员登录流程

图 5-23　会员登录

5.7.2 创建会员登录页面

在会员登录页面，用户需要填写用户名、密码和验证码。用户名和密码的表单字段与登录页面相同，这里不再赘述，下面重点介绍与验证码相关的内容。

1. 生成验证码

登录页面的验证码是一个图片验证码，也就是在一张图片上显示 0~9 个数字、a~z 26 个小写字母和 A~Z 26 个大写字母的随机组合。那么，可以使用 String 模块 ascii_letters 和 digits 方法，其中 ascii_letters 是生成所有字母，包括 a~z 和 A~Z，digits 是生成所有数字 0~9。最后使用 Python 图像处理库（Python Imaging Library，PIL）来生成图片。实现代码如下。

```python
<代码位置：Code\Shop\app\home\views.py >
import random
import string
from PIL import Image, ImageFont, ImageDraw
from io import BytesIO

def rndColor():
    '''随机颜色'''
    return (random.randint(32, 127), random.randint(32, 127), random.randint(32, 127))

def gene_text():
    '''生成4位验证码'''
    return ''.join(random.sample(string.ascii_letters+string.digits, 4))

def draw_lines(draw, num, width, height):
    '''划线'''
    for num in range(num):
        x1 = random.randint(0, width / 2)
        y1 = random.randint(0, height / 2)
        x2 = random.randint(0, width)
        y2 = random.randint(height / 2, height)
        draw.line(((x1, y1), (x2, y2)), fill='black', width=1)

def get_verify_code():
    '''生成验证码图形'''
    code = gene_text()
    # 图片大小120×50
    width, height = 120, 50
    # 新图片对象
    im = Image.new('RGB',(width, height),'white')
    # 字体
    font = ImageFont.truetype('app/static/fonts/arial.ttf', 40)
    # draw对象
    draw = ImageDraw.Draw(im)
    # 绘制字符串
    for item in range(4):
        draw.text((5+random.randint(-3,3)+23*item, 5+random.randint(-3,3)),
                  text=code[item], fill=rndColor(),font=font )
    return im, code
```

2. 显示验证码

定义路由 "/code"，在该路由下调用 get_verify_code()方法来生成验证码，然后生成一个 jpeg 格式的图片。最后通过访问路由显示图片。为节省内存空间，返回一张 gif 图片。具体代码如下。

```
<代码位置: Code\Shop\app\home\views.py >
@home.route('/code')
def get_code():
    image, code = get_verify_code()
    # 图片以二进制形式写入
    buf = BytesIO()
    image.save(buf, 'jpeg')
    buf_str = buf.getvalue()
    # 把buf_str作为response返回前端，并设置首部字段
    response = make_response(buf_str)
    response.headers['Content-Type'] = 'image/gif'
    # 将验证码字符串储存在session中
    session['image'] = code
    return response
```

访问 "http://127.0.0.1:5000/code"，运行结果如图 5-24 所示。

图 5-24 生成验证码

最后，需要将验证码显示在登录页面上。这时，可以将模板文件中的验证码图片<img>标签的 "src" 属性设置为"{{url_for('home.get_code')}}"。此外，当点击验证码图片时，还需要更新验证码图片。该功能可以通过 JavaScript 的 onclick 点击事件来实现，当点击图片时，设置使用 Math.random()来生成一个随机数。关键代码如下。

```
<代码位置: Code\Shop\app\templates\home\login.html >
<div class="col-sm-8" style="clear: none;">
    <!-- 验证码文本框 -->
    {{form.verify_code}}
        <!-- 显示验证码 -->
        <img class="img_checkcode" src="{{url_for('home.get_code')}}" width="116"
            height="43" onclick="this.src='{{url_for('home.get_code')}}'+'?'+ Math.random()">
</div>
```

在登录页面点击验证码图片后，将会更新验证码，运行效果如图 5-25 所示。

3. 检测验证码

在登录页面，单击"登录"按钮后，程序会验证用户输入的字段。那么对于验证码图片该如何验证呢？其实，通过一种简单的方式将验证码图片进行了简化。在使用 get_code()方法生成验证码时，有如下代码。

```
session['image'] = code
```

也就是将验证码的内容写入了 session。那么只需要将用户输入的验证码和 session['image']进行对比即可。由于验证码内容包括英文大小写字母，所以在对比前，全部将其转化为英文小写字母，然后再对比。关键代码如下。

图 5-25　更新验证码效果

```
<代码位置: Code\Shop\app\home\views.py >
if session.get('image').lower() != form.verify_code.data.lower():
    flash('验证码错误',"err")
    return redirect(url_for("home.login"))    # 调回登录页
```

在登录页面填写登录信息时,如果验证码错误,则提示错误信息,运行结果如图 5-26 所示。

图 5-26　验证码错误运行结果

5.7.3　保存会员登录状态

当用户填写登录信息后,除了要判断验证码是否正确,还需要验证用户名是否存在,以及用户名和密码是否匹配等内容。如果验证全部通过,需要将 user_id 和 user_name 写入 session 中,为后面判断用户是否登录做准备。此外,还需要在用户访问 "/login" 路由时,判断用户是否已经登录,如果用户之前已经登录过,那么不需要再次登录,而是直接跳转到商城首页。具体代码如下。

```
<代码位置: Code\Shop\app\home\views.py >
@home.route("/login/", methods=["GET", "POST"])
def login():
    """
    登录
    """
    if "user_id" in session:                  # 如果已经登录,则直接跳转到首页
        return redirect(url_for("home.index"))
    form = LoginForm()                        # 实例化LoginForm类
    if form.validate_on_submit():             # 如果提交
        data = form.data                      # 接收表单数据
```

```python
    # 判断用户名和密码是否匹配
    user = User.query.filter_by(username=data["username"]).first()    # 获取用户信息
    if not user :
        flash("用户名不存在! ", "err")                                  # 输出错误信息
        return render_template("home/login.html", form=form)          # 返回登录页
    # 调用check_password()方法，检测用户名密码是否匹配
    if not user.check_password(data["password"]):
        flash("密码错误! ", "err")                                     # 输出错误信息
        return render_template("home/login.html", form=form)          # 返回登录页
    if session.get('image').lower() != form.verify_code.data.lower():
        flash('验证码错误',"err")
        return render_template("home/login.html", form=form)          # 返回登录页
    session["user_id"] = user.id             # 将user_id写入session，判断用户是否登录
    session["username"] = user.username      # 将user_id写入session，判断用户是否登录
    return redirect(url_for("home.index"))   # 登录成功，跳转到首页

return render_template("home/login.html",form=form)  # 渲染登录页面模板
```

5.7.4 会员退出功能

退出功能的实现比较简单，只是清空登录时 session 中的 user_id 和 username 即可。使用 session.pop() 函数来实现该功能。具体代码如下。

```python
#<代码位置：资源包\Code\Shop\app\Home\views.py >
@home.route("/logout/")
def logout():
    """
    退出登录
    """
    # 重定向到home模块下的登录
    session.pop("user_id", None)
    session.pop("username", None)
    return redirect(url_for('home.login'))
```

当用户单击"退出"按钮时，执行 logout() 方法，并且跳转到登录页。

5.8 首页模块设计

首页模块设计

5.8.1 首页模块概述

当用户访问 51 商城时，首先进入的便是前台首页。前台首页设计的美观程度将直接影响用户的购买欲望。在51 商城的前台首页中，用户不但可以查看最新上架、打折商品等信息，还可以及时了解热门商品，以及商城推出的最新活动或者广告。51 商城前台首页流程如图 5-27 所示，运行结果如图 5-28 所示。

商城首页主要有 3 个部分需要添加动态代码，即热门商品、最新上架和打折商品。从数据库中读取 goods（商品表）中的数据，并应用循环显示在页面上。

5.8.2 实现显示最新上架商品功能

最新上架商品数据来源于 goods（商品表）中 is_new 字段为 1 的记录。由于数据较多，所以在商城首页中，根据商品的 addtime（添加时间）降序排序，筛选出 12 条记录。然后在模板中，遍历数据，显示商品信息。

图 5-27 前台首页流程图

图 5-28 商城首页

在本项目中，使用 Flask-SQLAlchemy 来操作数据库，查询最新上架商品的关键代码如下。

<代码位置：资源包\Code\Shop\app\Home\views.py >

```python
@home.route("/")
def index():
    """
    首页
    """
    # 获取12个新品
    new_goods = Goods.query.filter_by(is_new=1).order_by(
                Goods.addtime.desc()
                    ).limit(12).all()
    return render_template('home/index.html',new_goods=new_goods)  # 渲染模板
```

接下来渲染模板，关键代码如下。

<代码位置：资源包\Code\Shop\app\templates\home\index.html>

```html
<div class="row">
    <!-- 循环显示最新上架商品：添加12条商品信息-->
    {% for item in new_goods %}
    <div class="product-grid col-lg-2 col-md-3 col-sm-6 col-xs-12">
        <div class="product-thumb transition">
            <div class="actions">
                <div class="image">
                    <a href="{{url_for('home.goods_detail',id=item.id)}}">
                        <img src="{{url_for('static',filename='images/goods/'+item.picture)}}">
                    </a>
                </div>
                <div class="button-group">
                    <div class="cart">
                        <button class="btn btn-primary btn-primary" type="button"
                            data-toggle="tooltip"
                            onclick='javascript:window.location.href=
                                "/cart_add/?goods_id={{item.id}}&number=1"; '
                            style="display: none; width: 33.3333%;"
                            data-original-title="加入到购物车">
                            <i class="fa fa-shopping-cart"></i>
                        </button>
                    </div>
                </div>
            </div>
            <div class="caption">
                <div class="name" style="height: 40px">
                    <a href="{{url_for('home.goods_detail',id=item.id)}}">
                        {{item.name}}
                    </a>
                </div>
                <p class="price">
                    价格：{{item.current_price}}元
                </p>
            </div>
        </div>
    </div>
```

```
        {% endfor %}
        <!-- //循环显示最新上架商品：添加12条商品信息 -->
</div>
```

商城首页最新上架商品运行效果如图5-29所示。

图 5-29　最新上架商品

5.8.3　实现显示打折商品功能

打折商品数据来源于 goods 中 is_sale 字段为 1 的记录。由于数据较多，所以在商城首页中，根据商品的 addtime 降序排序，筛选出 12 条记录。然后在模板中，遍历数据，显示商品信息。

查询打折商品的关键代码如下。

<代码位置：资源包\Code\Shop\app\Home\views.py >
```python
@home.route("/")
def index():
    """
    首页
    """
    # 获取12个打折商品
    sale_goods = Goods.query.filter_by(is_sale=1).order_by(
                 Goods.addtime.desc()
                 ).limit(12).all()
    return render_template('home/index.html' ,sale_goods=sale_goods)  # 渲染模板
```

接下来渲染模板，关键代码如下。

<代码位置：资源包\Code\Shop\app\templates\home\index.html>
```html
<div class="row">
    <!-- 循环显示打折商品：添加12条商品信息-->
    {% for item in sale_goods %}
    <div class="product-grid col-lg-2 col-md-3 col-sm-6 col-xs-12">
        <div class="product-thumb transition">
            <div class="actions">
                <div class="image">
                    <a href="{{url_for('home.goods_detail',id=item.id)}}">
                        <img src="{{url_for('static',filename='images/goods/'+item.picture)}}"
                             alt="{{item.name}}" class="img-responsive">
```

```html
                </a>
            </div>
            <div class="button-group">
                <div class="cart">
                    <button class="btn btn-primary btn-primary" type="button"
                        data-toggle="tooltip"
                        onclick='javascript:window.location.href=
                            "/cart_add/?goods_id={{item.id}}&number=1"; '
                        style="display: none; width: 33.3333%;"
                        data-original-title="加入购物车">
                        <i class="fa fa-shopping-cart"></i>
                    </button>
                </div>
            </div>
        </div>
        <div class="caption">
            <div class="name" style="height: 40px">
                <a href="{{url_for('home.goods_detail',id=item.id)}}" style="width: 95%">
                    {{item.name}}</a>
            </div>
            <div class="name" style="margin-top: 10px">
                <span style="color: #0885B1">分类: </span>{{item.subcat.cat_name}}
            </div>
            <span class="price"> 现价: {{item.current_price}} 元
            </span><br> <span class="oldprice">原价: {{item.original_price}}元
            </span>
        </div>
    </div>
{% endfor %}
<!-- 循环显示打折商品 : 添加12条商品信息-->
</div>
```

商城首页打折商品显示效果如图 5-30 所示。

图 5-30 打折商品

5.8.4 实现显示热门商品功能

热门商品数据来源于 goods 中 view_count 字段值较高的记录。由于页面布局限制，所以只根据 view_count 降序筛选 2 条记录。然后在模板中，遍历数据，显示商品信息。

查询热门商品的关键代码如下。

```
<代码位置：资源包\Code\Shop\app\Home\views.py >
@home.route("/")
def index():
    """
    首页
    """
    # 获取2个热门商品
    hot_goods = Goods.query.order_by(Goods.views_count.desc()).limit(2).all()

    return render_template('home/index.html', hot_goods=hot_goods)  # 渲染模板
```

接下来渲染模板，关键代码如下。

```
<div class="box_oc">
    <!-- 循环显示热门商品：添加两条商品信息-->
    {% for item in hot_goods %}
    <div class="box-product product-grid">
      <div>
        <div class="image">
          <a href="{{url_for('home.goods_detail',id=item.id)}}">
            <img src="{{url_for('static',filename='images/goods/'+item.picture)}}" >
          </a>
        </div>
        <div class="name">
          <a href="{{url_for('home.goods_detail',id=item.id)}}">{{item.name}}</a>
        </div>
        <!-- 商品价格 -->
        <div class="price">
          <span class="price-new">价格：{{item.current_price}} 元</span>
        </div>
        <!-- // 商品价格 -->
      </div>
    </div>
    {% endfor %}
    <!-- // 循环显示热门商品：添加两条商品信息-->
</div>
```

商城首页热门商品运行效果如图 5-31 所示。

图 5-31 热门商品

5.9 购物车模块设计

5.9.1 购物车模块概述

在 51 商城中，购物车流程如图 5-32 所示。在首页或商品详情页单击某个商品可以进入显示商品详细信息页面，如图 5-33 所示。在该页面中，单击"添加到购物车"按钮，即可将相应商品添加到购物车，然后填写物流信息，如图 5-34 所示。单击"结账"按钮，将弹出图 5-35 所示的支付对话框。最后单击"支付"按钮，模拟提交支付并生成订单。

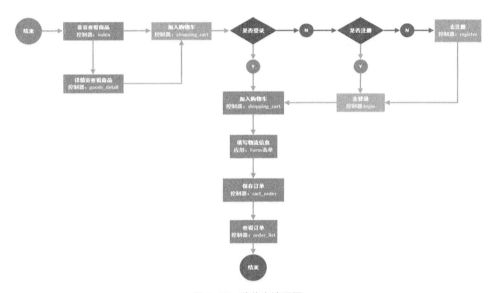

图 5-32 购物车流程图

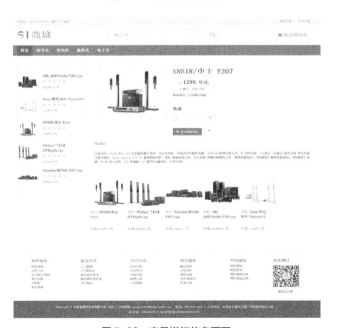

图 5-33 商品详细信息页面

图 5-34 查看购物车页面

图 5-35 支付对话框

5.9.2 实现显示商品详细信息功能

在首页单击任何商品名称或者商品图片时，都将显示该商品的详细信息页面。在该页面中，除显示商品的信息外，还需要显示左侧的热门商品和底部的推荐商品。

对于商品的详细信息，需要根据商品 ID，使用 get_or_404(id)方法来获取。

对于左侧热门商品，需要获取该商品同一子类别下的商品。例如，正在访问的商品子类别是音箱，那么左侧热门商品就是与音箱相关的产品，并且根据浏览量从高到低排序，筛选出 5 条记录。

底部的推荐商品，与热门商品类似。只是根据商品添加时间从高到低排序，筛选出5条记录。

此外，由于要统计商品的浏览量，所以每当进入商品详情页时，需要更新goods表中，该商品的view_count（浏览量）字段，将其值加1。

商品详情页的完整代码如下。

```
<代码位置：资源包\Code\Shop\app\Home\views.py >
@home.route("/goods_detail/<int:id>/")
def goods_detail(id=None):    # id 为商品ID
    """
    详情页
    """
    user_id = session.get('user_id', 0)      # 获取用户ID，判断用户是否登录
    goods = Goods.query.get_or_404(id)       # 根据商品ID获取商品数据，如果不存在则返回404
    # 浏览量加1
    goods.views_count += 1
    db.session.add(goods)    # 添加数据
    db.session.commit()      # 提交数据
    # 获取左侧热门商品
    hot_goods = Goods.query.filter_by(subcat_id=goods.subcat_id).order_by(
                Goods.views_count.desc()).limit(5).all()
    # 获取底部相关商品
    similar_goods = Goods.query.filter_by(subcat_id=goods.subcat_id).order_by(
                Goods.addtime.desc()).limit(5).all()
    return render_template('home/goods_detail.html',goods=goods,hot_goods=hot_goods,
                similar_goods=similar_goods,user_id=user_id)    # 渲染模板
```

商品详情页运行结果如图5-36所示。

图5-36　商品详情页

5.9.3　实现添加购物车功能

在51商城中，有2种添加购物车的方法：在商品详情页添加购物车和在商品列表页添加购物车。它们之间的区别在于，在商品详情页添加购物车可以选择购买商品的数量（大于或等于1），而在商品列表页添加购物

车则默认购买数量为 1。

基于以上分析,可以设置<a>标签来添加购物车。下面分别介绍这两种添加购物车的方法。

在商品详情页面中,填写购买商品数量后,单击"添加到购物车"按钮时,需要判断用户是否登录。如果没有登录,则页面跳转到登录页。如果已经登录,则执行加入购物车操作。模板关键代码如下。

```
<代码位置:Code\Shop\app\templates\home\goods_detail.html >
<button type="button" onclick="addCart()" class="btn btn-primary btn-primary">
    <i class="fa fa-shopping-cart"></i> 添加到购物车</button>

<script type="text/javascript">
function addCart() {
    var user_id = {{ user_id }};   //获取当前用户的id
    var goods_id = {{ goods.id }}  //获取商品的id
    if( !user_id){
        window.location.href = "/login/";  //如果没有登录,则跳转到登录页
        return ;
    }
    var number = $('#shuliang').val();//获取输入的商品数量
    //验证输入的数量是否合法
    if (number < 1)  {//如果输入的数量不合法
        alert('数量不能小于1!');
        return;
    }
    window.location.href = '/cart_add?goods_id='+goods_id+"&number="+number
    }
</script>
```

需要判断用户填写的购买数量,如果数量小于 1,则提示错误信息。

在商品列表页,当单击购物车图标时,执行添加购物车操作,商品数量默认为 1。模板关键代码如下。

```
<代码位置:Code\Shop\app\templates\home\index.html >
<button class="btn btn-primary btn-primary" type="button"
    data-toggle="tooltip"
    onclick='javascript:window.location.href="/cart_add/?goods_id={{item.id}}&number=1"; '
    style="display: none; width: 33.3333%;"
    data-original-title="加入购物车">
    <i class="fa fa-shopping-cart"></i>
</button>
```

在以上两种情况下,添加购物车都执行链接"/cart_add/"并传递 goods_id 和 number 两个参数。然后将其写入 cart(购物车)表中,具体代码如下。

```
<代码位置:资源包\Code\Shop\app\Home\views.py >
@home.route("/cart_add/")
@user_login
def cart_add():
    """
    添加购物车
    """
    cart = Cart(
```

```
            goods_id = request.args.get('goods_id'),
            number = request.args.get('number'),
            user_id=session.get('user_id', 0)    # 获取用户ID，判断用户是否登录
        )
        db.session.add(cart)     # 添加数据
        db.session.commit()      # 提交数据
        return redirect(url_for('home.shopping_cart'))
```

5.9.4 实现查看购物车功能

在实现添加到购物车时，将商品添加到购物车后，需要把页面跳转到查看购物车页面，用于显示已经添加到购物车中的商品。

购物车中的商品数据来源于 cart 表和 goods 表。由于 cart 表的 goods_id 字段与 goods 表的 id 字段关联，所以，可以直接查找 cart 表中 user_id 为当前用户 ID 的记录。具体代码如下。

```
<代码位置：资源包\Code\Shop\app\Home\views.py >
@home.route("/shopping_cart/")
@user_login
def shopping_cart():
    user_id = session.get('user_id',0)
    cart = Cart.query.filter_by(user_id = int(user_id)).order_by(Cart.addtime.desc()).all()
    if cart:
        return render_template('home/shopping_cart.html',cart=cart)
    else:
        return render_template('home/empty_cart.html')
```

在上述代码中，判断用户购物车中是否有商品，如果没有，则渲染 empty_cart.html 模板，运行结果如图 5-37 所示，否则渲染购物车列表页模板 shopping_cart.html，运行结果如图 5-38 所示。

图 5-37 购物车页面

图 5-38 清空购物车页面

5.9.5 实现保存订单功能

商品加入购物车后，需要填写物流信息，包括"收货人姓名""收货人手机"和"收货人地址"等。然后单击"结账"按钮，弹出支付二维码。由于调用支付宝接口需要注册支付宝企业账户，并且完成实名认证，所

以，在本项目中，只是模拟支付功能。当单击弹窗右下角的"支付"按钮，就默认支付完成。此时，需要保存订单。

对于保存订单功能，需要用 orders 表和 orders_detail 表来实现，它们之间是一对多关系。例如，在一个订单中，可以有多个订单明细。因为 orders 表用于记录收货人的姓名、电话和地址等信息，orders_detail 表用于记录该订单中的商品信息。所以，在添加订单时，需要同时将订单添加到 orders 表和 orders_detail 表。实现代码如下。

```
<代码位置：资源包\Code\Shop\app\Home\views.py >
@home.route("/cart_order/",methods=['GET','POST'])
@user_login
def cart_order():
    if request.method == 'POST':
        user_id = session.get('user_id',0)  # 获取用户id
        # 添加订单
        orders = Orders(
            user_id = user_id,
            recevie_name = request.form.get('recevie_name'),
            recevie_tel = request.form.get('recevie_tel'),
            recevie_address = request.form.get('recevie_address'),
            remark = request.form.get('remark')
        )
        db.session.add(orders)      # 添加数据
        db.session.commit()         # 提交数据
        # 添加订单详情
        cart = Cart.query.filter_by(user_id=user_id).all()
        object = []
        for item in cart :
            object.append(
                OrdersDetail(
                    order_id=orders.id,
                    goods_id=item.goods_id,
                    number = item.number,
                )
            )
        db.session.add_all(object)
        # 更改购物车状态
        Cart.query.filter_by(user_id=user_id).update({'user_id': 0})
        db.session.commit()
    return redirect(url_for('home.index'))
```

上述代码在添加 orders_detail 表时，由于有多个数据，所以使用了 add_all() 方法来批量添加。此外，值得注意的是，当添加完订单后，购物车就已经清空了，此时需要修改 cart 表的 order_id 字段，将其值更改为 0。这样，查看购物车时，购物车将没有数据。

5.9.6 实现查看订单功能

订单支付完成后，可以单击"我的订单"按钮，查看订单信息。订单信息来源于 orders 表和 orders_detail 表。实现代码如下。

```
<代码位置：资源包\Code\Shop\app\Home\views.py >
@home.route("/order_list/",methods=['GET','POST'])
@user_login
```

```
def order_list():
    """
    我的订单
    """
    user_id = session.get('user_id',0)
    orders = OrdersDetail.query.join(Orders).filter(Orders.user_id==user_id).order_by(
             Orders.addtime.desc()).all()
    return render_template('home/order_list.html',orders=orders)
```

运行结果如图 5-39 所示。

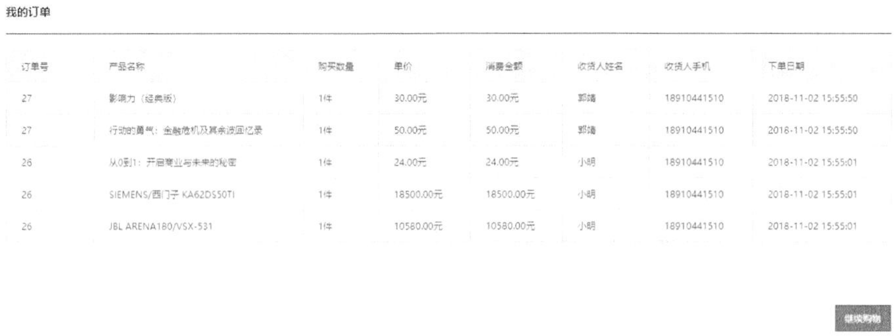

我的订单

订单号	产品名称	购买数量	单价	消费金额	收货人姓名	收货人手机	下单日期
27	影响力（经典版）	1件	30.00元	30.00元	郭靖	18910441510	2018-11-02 15:55:50
27	行动的勇气：金融危机及其余波回忆录	1件	50.00元	50.00元	郭靖	18910441510	2018-11-02 15:55:50
26	从0到1：开启商业与未来的秘密	1件	24.00元	24.00元	小明	18910441510	2018-11-02 15:55:01
26	SIEMENS/西门子 KA62DS50TI	1件	18500.00元	18500.00元	小明	18910441510	2018-11-02 15:55:01
26	JBL ARENA180/VSX-531	1件	10580.00元	10580.00元	小明	18910441510	2018-11-02 15:55:01

继续购物

图 5-39　我的订单

小结

本章主要介绍如何使用 Flask 框架实现 51 商城项目。在本项目中，重点讲解了商城前台功能的实现，包括登录注册、查看商品、推荐商品、加入购物车、提交订单等功能。在实现这些功能时，使用了 Flask 的流行模块，包括使用 Flask-SQLAlchemy 来操作数据库、使用 Flask-WTF 创建表单等。学习完本章内容后，读者可以自行完成商品收藏功能，从而提高动手编程实战能力，了解项目开发流程，并掌握 Flask 开发 Web 技术，为今后项目开发积累经验。

习题

5-1　如何使用 SQLAlchemy 实现数据表之间的一对多关系？

5-2　如何实现购物车中商品数量加减的功能？

第6章

案例4：基于Flask的e起去旅行

随着旅游行业的火爆，旅游网站越来越受到人们的欢迎。大家耳熟能详的旅游网站有马蜂窝、途牛网、穷游网等。这些旅游网站除了提供景区资讯外，还提供了大量的旅行游记。本章将使用Flask框架开发一个景区查询类网站——e起去旅行。

本章要点

- 使用蓝图分割前后台应用
- 使用Flask-SQLAlchemy扩展实现ORM
- 使用Flask-Migrate扩展实现数据迁移
- 使用WTForms自定义验证函数
- 使用Werkzeug库中的security实现散列密码
- 使用functools中的wraps实现验证装饰器
- 使用CKEditor富文本编辑器

6.1 需求分析

作为一个景区资讯的网站，e 起去旅行网站应该具备以下功能。
- 首页展示热门景区和热门地区的景区功能。
- 景区查询功能，可根据星级和地区查询景区。
- 查看景区详情功能，可以查看景区介绍，包括景区政策和开发时间等。
- 用户管理功能，包括用户登录、注册和退出登录。
- 收藏功能，用户登录后可以收藏景区。
- 查看游记功能，用户可以在景区详情页查看景区的所有游记。
- 意见反馈功能，用户可以对网站提交建议。
- 后台管理功能，管理员可以在后台管理景区、管理地区、管理会员等。
- 日志管理功能，包括会员登录日志、管理员登录日志和管理员操作日志。

项目配置使用说明

需求分析

6.2 系统设计

系统设计

6.2.1 系统功能结构

e 起去旅行网站包括前台和后台 2 个部分。前台主要负责页面的展示，包括首页、用户模块、景区模块以及关于我们模块。网站的前台功能模块如图 6-1 所示。后台主要负责数据的增删改查，包括增删改查地区、景区、游记等，后台功能模块如图 6-2 所示。

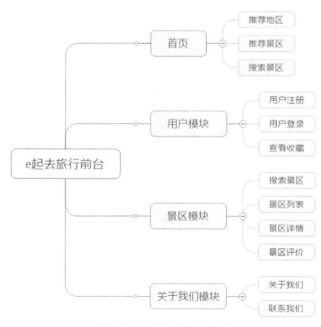

图 6-1　前台功能模块结构图

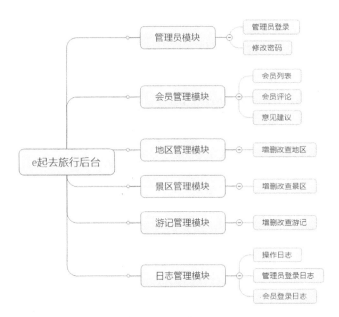

图 6-2　后台功能模块结构图

6.2.2　系统业务流程

e 起去旅行网站涉及的角色主要有 2 个：管理员和用户。管理员负责后台数据的增删改查，而用户可以通过浏览网页访问前台信息。系统业务流程如图 6-3 所示。

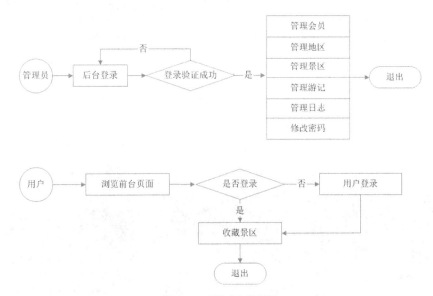

图 6-3　系统业务流程图

6.2.3　系统预览

用户通过浏览器首先进入网站首页，首页包括热门景区以及推荐地区的景区，如图 6-4 所示。用户可以按地区和星级查找景区，如图 6-5 所示。

图 6-4 热门景区和热门地区

图 6-5 查找景区

选中景区后,单击进入景区详情页,如图 6-6 所示。在景区详情页底部显示该景区的全部游记,如图 6-7 所示。单击游记,可以查看游记的详细信息,如图 6-8 所示。在景区详情页,可以单击"收藏"按钮收藏景区,收藏后的页面效果如图 6-9 所示。

故宫博物院
收藏
北京故宫是中国明清两代的皇家宫殿，旧称为紫禁城，位于北京中轴线的中心，是中国古代宫廷建筑之精华。北京故宫以三大殿为中心，占地面积72万平方米，建筑面积约15万平方米，有大小宫殿七十多座，房屋九千余间。是世界上现存规模最大、保存最为完整的木质结构古建筑之一。
北京故宫于明成祖永乐四年（1406年）开始建设，以南京故宫为蓝本营建，到永乐十八年（1420年）建成。它是一座长方形城池，南北长961米，东西宽753米，四面围有高10米的城墙，城外有宽52米的护城河。紫禁城内的建筑分为外朝和内廷两部分。外朝的中心为太和殿、中和殿、保和殿，统称三大殿，是国家举行大典礼的地方。内廷的中心是乾清宫、交泰殿、坤宁宫，统称后三宫，是皇帝和皇后居住的正宫。
北京故宫被誉为世界五大宫之首（北京故宫、法国凡尔赛宫、英国白金汉宫、美国白宫、俄罗斯克里姆林宫），是国家AAAAA级旅游景区，
1961年被列为第一批全国重点文物保护单位，1987年被列为世界文化遗产。

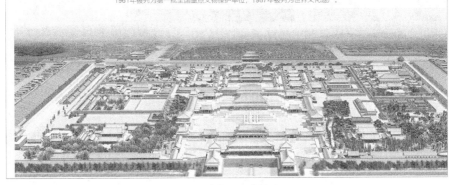

图 6-6　景区详情

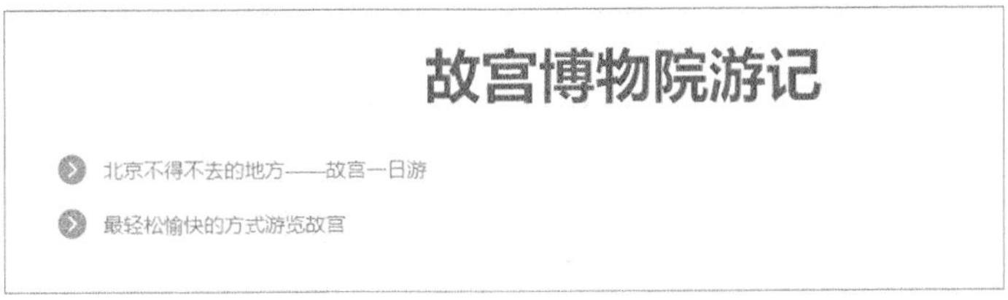
故宫博物院游记
北京不得不去的地方——故宫一日游
最轻松愉快的方式游览故宫

图 6-7　景区游记列表

最轻松愉快的方式游览故宫
作者：Andy　2018-03-24 13:24:56
午门是紫禁城的正门，也是今天故宫博物院的正门。位于紫禁城乃至京师南北轴线，始建于明朝永乐十八年（1420年）。平面呈巨大的"凹"字形，中间广场面积超过9900平方米。在阳光普照的日子走到这里，如果看不到两遍雁翅楼的阴影，便是午门最亮丽的时候，也就是它的名字——正午之门，充分显示它的阳刚之气。
午门门楼连台通高近37.9米，正中的主楼属重庑殿顶（五脊四面坡），面阔九间（60.05米），进深五间（25米），亦为最尊贵的九五之数。按"九"为数理中阳数之极，"五"居阳数之中（王者之数），可见午门在位置上的重要性。
午门面向正南，五行属火，是积极的红色。不只红墙，檐下彩绘也以红色为主，显示光明正大。按传统四灵兽的方位（东青龙，西白虎，南朱雀，北玄武），南方既以朱雀（凤凰）为象征，午门由5座楼阁组成，高低错落，左右翼然，形若大鸟展翅，故又称五凤楼。
城楼立面大小形制与天安门相若，但没有像天安门那样五门相列，并采取"中开三门"，正中门卫皇帝专用御道，只有皇后在大婚时，可以乘坐喜轿从大清门中经过进宫一次。另外通过殿试选拔的状元、榜眼、探花可从中门出宫一次。东侧门供文武官员出入，西侧门供宗师王公出入。（撰文：《紫禁城100》）
关于午门的以讹传讹
电视剧里经常能听到"推出午门斩首"这样的圣令，但是午门真的是用来处决死刑犯的吗？其实不尽然。午门主要的用途有三：其一朝廷每年冬天会在午门举行隆重的颁朔仪式（也就是颁布日历）；其二战争凯旋后，会在午门前广场举行受俘仪式，彰显大国威仪；其三廷杖触怒皇帝的大臣。廷杖通俗地说就是用棍子打屁股的一种刑罚。有趣的是主事廷杖的太监会根据收取贿赂与否，喊出"着实打"和"用心打"，"着实打"或者苟活，"用心打"必遭打死。

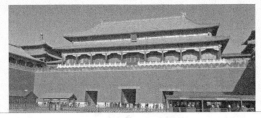

图 6-8　游记详情

图 6-9 收藏的景区

管理员可以登录后台,登录成功后进入后台主页,运行效果如图 6-10 所示。景区管理模块如图 6-11 示。游记管理模块如图 6-12 所示。会员管理模块如图 6-13 所示。

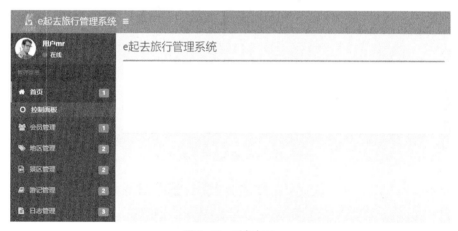

图 6-10 后台主页

图 6-11 景区管理

图 6-12　游记管理

图 6-13　会员管理

6.3　系统开发必备

系统开发必备

6.3.1　系统开发环境

本系统的开发软件及运行环境如下。
- 操作系统：Windows 7 及以上。
- 虚拟环境：virtualenv。
- MySQL 图形化管理软件：Navicat for MySQL。
- 开发工具：PyCharm / Sublime Text 3 等。
- Python Web 框架：Flask。
- 浏览器：谷歌浏览器。

6.3.2　文件夹组织结构

在进行网站开发前，首先要规划网站的架构，也就是建立多个文件夹对各个功能模块进行划分，实现统一管理，这样做易于网站的开发、管理和维护。不同于大多数其他的 Web 框架，Flask 并不强制要求大型项目使用特定的组织方式，程序结构的组织方式完全由开发者决定。在 e 起去旅行项目中使用包和模块方式组织程序。文件夹组织结构如图 6-14 所示。

在图 6-14 所示的文件夹组织结构中，有 3 个顶级文件夹。
- app：Flask 程序的包名，一般都命名为 app。该文件夹下还包含两个包：home（前台）和 admin（后台）。每个包下又包含 3 个文件：__init__.py（初始化文件）、forms.py（表单文件）和 views.py（路由文件）。
- migrations：数据库迁移脚本。
- venv：Python 虚拟环境。

同时还创建了一些新文件。

图 6-14 文件夹组织结构

- config.py：存储配置。
- manage.py：用于启动程序以及其他的程序任务。
- requirements.txt：列出所有依赖包，便于在其他计算机中重新生成相同的虚拟环境。

在本项目中，使用 flask-script 扩展以命令行方式生成数据库表和启动服务。生成数据表的命令如下。

```
python manage.py db init      # 创建迁移仓库，首次使用
python manage.py db migrate   # 创建迁移脚本
python manage.py db upgrade   # 把迁移应用到数据库中
```

启动服务的命令如下。

```
python manage.py runserver
```

6.4 技术准备

技术准备

6.4.1 Flask-Script 扩展

Flask-Script 扩展为 Flask 应用添加了一个命令行解析器，它使 Flask 应用可以通过命令行来运行服务器，自定义 Python shell，以及通过脚本来设置数据库、周期性任务以及其他 Flask 应用本身不提供的功能。

Flask-Script 与 Flask 的工作方式很相似，定义 Manage 实例对象和添加命令，就可以在命令行中调用这些命令了。

可以通过 pip 来安装 Flask-Script，命令如下。

```
pip install Flask-Script
```

6.4.2 定义并运行命令

首先创建一个 Python 模块来运行脚本命令，文件名为 manage.py。如果命令比较多的话，可以将它们分开放在几个文件中存放。在 app.py 中必须创建一个 Manager 对象，Manager 类会记录所有的命令，并处理如何调用这些命令。

```
from flask_script import Manager
from flask import Flask

app = Flask(__name__)
```

```
# 配置app
app.debug = True
manager = Manager(app)

if __name__ == "__main__":
    manager.run()
```

调用 manager.run()方法之后，Manager 对象就准备好接收命令行传递的命令了。Manager 实例化时需要接收一个参数，这个参数也可以是一个函数或者可调用对象，只要它们能够返回一个 Flask 对象就可以。

下一步就是创建和添加命令，可以通过以下 3 种方式来创建命令。

- 继承 Command 类。
- 使用@command 修饰器。
- 使用@option 修饰器。

1. 继承 Comman 类

从 Flask-Script 包引入 Command 类，然后自定义一个类，令其继承 Command 类。代码如下。

```
from flask_script import Manager,Command
from flask import Flask


app = Flask(__name__)
# 配置app
app.debug = True
manager = Manager(app)

class Hello(Command):
    "prints hello word"

    def run(self):
        print("Hello World!")

manager.add_command("hello",Hello())

if __name__ == "__main__":
    manager.run()
```

在上述代码中，manager.add_command()必须在 manage.run()之前执行，接下来就可以执行如下命令。

```
python app.py hello
```

运行结果如下。

```
Hello World!
```

也可以直接将 Command 对象传递给 manager.run()，例如：

```
manager.run({'hello' : Hello()})
```

Command 类必须定义一个 run()方法，方法中的位置参数以及可选参数由命令行中输入的参数决定。

下面，结合 Flask_Migrate 实现数据迁移操作。代码如下。

```
from flask import Flask
from flask_sqlalchemy import SQLAlchemy
import pymysql
from flask_migrate import Migrate,MigrateCommand
```

```python
from flask_script import Manager,Shell

app = Flask(__name__)  # 创建Flask应用
app.config['SQLALCHEMY_TRACK_MODIFICATIONS'] = True
app.config['SQLALCHEMY_DATABASE_URI'] = (
        'mysql+pymysql://root:root@localhost/flask_demo'
    )
db = SQLAlchemy(app)
migrate = Migrate(app,db)
manager = Manager(app)  # 实例化Manager类
manager.add_command("db",MigrateCommand)  # 新增db命令

# 设置ORM类
class User(db.Model):
    id = db.Column(db.Integer,primary_key=True)
    # 省略部分代码
class Article(db.Model):
    id = db.Column(db.Integer,primary_key=True)
    # 省略部分代码

if __name__ == "__main__":
    manager.run()
```

在上述代码中，manager.add_command("db",MigrateCommand)用于创建 db 命令，对应的 Command 类是 flask_migrate 中的 MigrateCommand。这样就不再需要使用 flask db 命令实现版本迁移，而是使用如下命令代替。

```
python manage.py db init
python manage.py db migrate
python manage.py db upgrade
```

2. 使用@command 修饰器

使用 Manager 实例的 command 方法装饰函数，代码如下。

```python
from flask_script import Manager
from flask import Flask

app = Flask(__name__)
# 配置app
app.debug = True
manager = Manager(app)

@manager.command
def hello():
    print("Hello World!")

if __name__ == "__main__":
    manager.run()
```

接下来就可以执行如下命令。

```
python app.py hello
```

运行结果如下。

```
Hello World!
```

3. 使用@option 修饰器

使用 Manager 实例的 command 方法装饰函数，代码如下。

```python
from flask_script import Manager
from flask import Flask

app = Flask(__name__)
# 配置app
app.debug = True
manager = Manager(app)

@manager.option("-n","--name",help="Your name")
def hello(name):
    print("hello {}".format(name))

if __name__ == "__main__":
    manager.run()
```

执行如下命令。

```
python app.py --name=Andy
```

运行结果如下。

```
hello Andy
```

6.4.3 默认命令

Flask-Script 自身提供了很多定义好的命令（默认命令）。下面分别介绍 Server 和 Shell 命令。

1. Server 命令

Server 命令用于运行 Flask 应用服务器，示例代码如下。

```python
from flask_script import Server,Manager
from flask import Flask

app = Flask(__name__)
app.debug = True
manager = Manager(app)
manager.add_command("runserver",Server())

@app.route('/')
def hello():
    return "Hello World!"

if __name__ == "__main__" :
    manager.run()
```

调用方式如下。

```
python manage.py runserver
```

通过浏览器访问 "http://127.0.0.1:5000"，运行结果如下。

```
Hello World!
```

Server 命令有许多参数，可以通过 python manager.py runserver -?获取详细帮助信息，也可以在构造函数中重定义默认值。

```
server = Server(host="0.0.0.0", port=9000)
```

在大多数情况下，runserver 命令用于开启调试模型运行服务器，以便查找 bug，因此，如果没有在配置文件中特别声明的话，runserver 默认是开启调试模式的，修改代码时，会自动重载服务器。

2. Shell 命令

Shell 命令用于打开一个 Python 终端，可以给它传递一个 make_context 参数，这个参数必须是一个可调用对象，并且返回一个字典。结合 Flask_SQLAlchemy 扩展使用 Shell 操作数据库，创建一个 manage_shell.py

文件，代码如下。

```python
from flask import Flask
from flask_sqlalchemy import SQLAlchemy
import pymysql
from flask_migrate import Migrate,MigrateCommand
from flask_script import Manager,Shell

app = Flask(__name__)  # 创建Flask应用
app.config['SQLALCHEMY_TRACK_MODIFICATIONS'] = True
app.config['SQLALCHEMY_DATABASE_URI'] = (
        'mysql+pymysql://root:root@localhost/flask_demo'
        )
db = SQLAlchemy(app)
migrate = Migrate(app,db)
manager = Manager(app)

def make_shell_context():
    return dict(app=app,db=db,User=User,Article=Article)  # 返回一个字典

manager.add_command("shell",Shell(make_context=make_shell_context))

class User(db.Model):
    id = db.Column(db.Integer,primary_key=True)
    # 省略部分代码

class Article(db.Model):
    id = db.Column(db.Integer,primary_key=True)
    # 省略部分代码

if __name__ == "__main__":
    manager.run()
```

创建完成后，就可以使用 Shell 来操作数据库了。首先，使用 db.create_all()函数生成数据表 user 和 article；然后，使用 db.session.add()新增一个 user 用户和两篇 article 文章；接下来，使用 db.session.commit()添加到数据库，如图 6-15 所示。

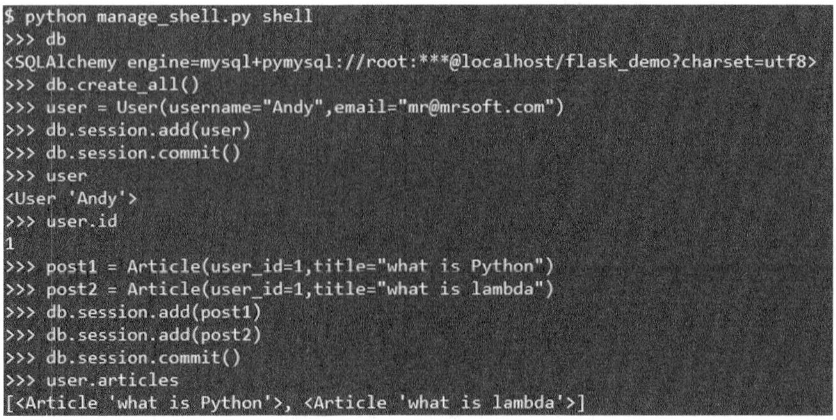

```
$ python manage_shell.py shell
>>> db
<SQLAlchemy engine=mysql+pymysql://root:***@localhost/flask_demo?charset=utf8>
>>> db.create_all()
>>> user = User(username="Andy",email="mr@mrsoft.com")
>>> db.session.add(user)
>>> db.session.commit()
>>> user
<User 'Andy'>
>>> user.id
1
>>> post1 = Article(user_id=1,title="what is Python")
>>> post2 = Article(user_id=1,title="what is lambda")
>>> db.session.add(post1)
>>> db.session.add(post2)
>>> db.session.commit()
>>> user.articles
[<Article 'what is Python'>, <Article 'what is lambda'>]
```

图 6-15　在 Shell 模式下操作数据

6.5 数据库设计

6.5.1 数据库概要说明

本项目采用 MySQL 数据库，数据库名称为 travel。读者可以使用 MySQL 命令行方式或 MySQL 可视化管理工具（如 Navicat）创建数据库。使用命令行方式如下。

```
create database travel default character set utf8;
```

6.5.2 创建数据表

创建完数据库后，还需要数据表。本项目中包含 10 张数据表，数据表名称及作用如表 6-1 所示。

表 6-1 数据库表结构

表名	含义	作用
admin	管理员表	用于存储管理员用户信息
adminlog	管理员登录日志表	用于存储管理员登录后台的日志信息
user	用户表	用于存储用户的信息
user_log	用户登录日志表	用于存储用户登录后台的日志信息
oplog	操作日志	用于后台操作信息
area	地区表	用于存储地区信息
scenic	景区表	用于存储景区信息
collect	收藏表	用于存储收藏的景区信息
travels	游记表	用于存储景区游记信息
suggestion	意见建议表	用于存储用户的意见建议信息

本项目使用 SQLAlchemy 进行数据库操作，将所有的模型放置到一个单独的 models 模块中，使程序的结构更加明晰。SQLAlchemy 是一个常用的数据库抽象层和数据库关系映射包，并且需要一些设置才可以使用，因此使用 Flask-SQLAlchemy 扩展来操作它。

由于篇幅有限，这里只给出 models.py 模型文件中比较重要的代码。关键代码如下。

```
<代码位置：资源包\Code\Travel\app\models.py >
from . import db
from datetime import datetime

# 地区
class Area(db.Model):
    __tablename__ = "area"
    id = db.Column(db.Integer, primary_key=True)  # 编号
    name = db.Column(db.String(100), unique=True)  # 标题
    addtime = db.Column(db.DateTime, index=True, default=datetime.now)  # 添加景区时间
    is_recommended = db.Column(db.Boolean(), default=0)  # 是否推荐
    introduction = db.Column(db.Text)                # 景区简介
    scenic = db.relationship("Scenic", backref='area')  # 外键关系关联

    def __repr__(self):
```

```python
        return "<Area %r>" % self.name

# 景区
class Scenic(db.Model):
    __tablename__ = "scenic"
    id = db.Column(db.Integer, primary_key=True)  # 编号
    title = db.Column(db.String(255), unique=True)  # 标题
    star = db.Column(db.Integer)  # 星级
    logo = db.Column(db.String(255), unique=True)  # 封面
    introduction = db.Column(db.Text)  # 景区简介
    content = db.Column(db.Text)  # 景区内容描述
    address = db.Column(db.Text)  # 景区地址
    is_hot = db.Column(db.Boolean(), default=0)  # 是否热门
    is_recommended = db.Column(db.Boolean(), default=0)  # 是否推荐
    area_id = db.Column(db.Integer, db.ForeignKey('area.id'))  # 所属标签
    addtime = db.Column(db.DateTime, index=True, default=datetime.now)  # 添加时间
    collect = db.relationship("Collect", backref='scenic')  # 收藏外键关系关联
    travels = db.relationship("Travels", backref='scenic')  # 游记外键关系关联

    def __repr__(self):
        return "<Scenic %r>" % self.title

# 游记
class Travels(db.Model):
    __tablename__ = "travels"
    id = db.Column(db.Integer, primary_key=True)  # 编号
    title = db.Column(db.String(255), unique=True)  # 标题
    author = db.Column(db.String(255))  # 作者
    content = db.Column(db.Text)  # 游记内容
    scenic_id = db.Column(db.Integer, db.ForeignKey('scenic.id'))  # 所属景区ID
    addtime = db.Column(db.DateTime, index=True, default=datetime.now)  # 添加时间

# 景区收藏
class Collect(db.Model):
    __tablename__ = "collect"
    __table_args__ = {"useexisting": True}
    id = db.Column(db.Integer, primary_key=True)  # 编号

    scenic_id = db.Column(db.Integer, db.ForeignKey('scenic.id'))  # 所属景区
    user_id = db.Column(db.Integer, db.ForeignKey('user.id'))  # 所属用户
    addtime = db.Column(db.DateTime, index=True, default=datetime.now)  # 添加时间

    def __repr__(self):
        return "<Collect %r>" % self.id
```

6.5.3 数据表关系

本项目中主要数据表的关系为：一个地区（area 表）对应多个景区（scenic 表），一个景区对应多个游记（travels 表）。一个用户（user 表）可以有多个收藏（collect 表），一个景区（scenic 表）可以被收藏（collect 表）多次。使用 ER 图来直观地展现数据表之间的关系，如图 6-16 所示。

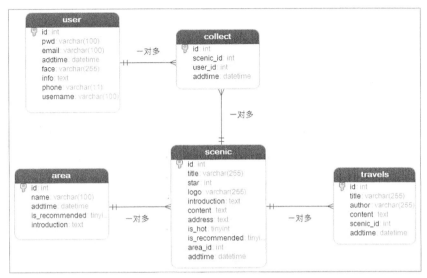

图 6-16　主要表关系

6.6　前台用户模块设计

实现会员注册功能

6.6.1　实现会员注册功能

会员注册模块主要用于实现新用户注册成为网站会员的功能。在会员注册页面中，用户需要填写满足条件的如下信息。

- 用户名：不能为空。
- 邮箱：不能为空，需要满足邮箱格式，并且每一个用户只能使用唯一的一个邮箱。
- 密码：不能为空。
- 确认密码：不能为空，并且与"密码"保持一致。

如果满足以上条件，则用户注册成功，并将填写的会员信息保存到数据库中，否则注册失败，并给出错误提示。会员注册页面路由的关键代码如下。

```python
<代码位置：资源包\Code\Travel\app\Home\views.py >
# _*_ coding: utf-8 _*_
from . import home
from app import db
from app.home.forms import LoginForm,RegisterForm,SuggetionForm
from app.models import User ,Area,Scenic,Travels,Collect,Suggestion,Userlog
from flask import render_template, url_for, redirect, flash, session, request
from werkzeug.security import generate_password_hash
from sqlalchemy import and_
from functools import wraps


@home.route("/register/", methods=["GET", "POST"])
def register():
    """
    注册功能
    """
```

```python
    form = RegisterForm()                                          # 导入注册表单
    if form.validate_on_submit():                                  # 提交注册表单
        data = form.data                                           # 接收表单数据
        # 为User类属性赋值
        user = User(
            username = data["username"],                           # 用户名赋值
            email = data["email"],                                 # 邮箱赋值
            pwd = generate_password_hash(data["pwd"]),             # 对密码加密后赋值
        )
        db.session.add(user)                                       # 添加数据
        db.session.commit()                                        # 提交数据
        flash("注册成功! ", "ok")                                   # 使用flask存储成功信息
    return render_template("home/register.html", form=form)        # 渲染模板
```

上述代码包括了显示用户注册页面和提交用户注册信息两部分功能。当 if 语句条件 form.validate_on_submit 不为真，即用户使用 GET 方式访问路由时，只渲染模板，显示注册页面。当 form.validate_on_submit 为真，即用户使用 POST 方式访问路由时，提交注册表单，执行用户注册的业务逻辑。下面分别介绍这两种情况。

1. 显示注册页面

用户使用浏览器访问 "127.0.0.1:5000/register"，匹配到路由@home.route("/register/")，执行 register() 函数。首先实例化 RegisterForm() 类，RegisterForm() 类是从 app.home.forms 模块导入，关键代码如下。

```python
<代码位置: 资源包\Code\Travel\app\Home\forms.py >
# _*_ coding: utf-8 _*_
from flask_wtf import FlaskForm
from wtforms import StringField, PasswordField, SubmitField, FileField, TextAreaField
from wtforms.validators import DataRequired, Email, Regexp, EqualTo, ValidationError
from app.models import User

class RegisterForm(FlaskForm):
    """
    用户注册表单
    """
    username = StringField(
        validators=[
            DataRequired("用户名不能为空! "),
        ],
        description="用户名",
        render_kw={
            "placeholder": "请输入用户名! ",
        }
    )
    email = StringField(
        validators=[
            DataRequired("邮箱不能为空! "),
            Email("邮箱格式不正确! ")
        ],
        description="邮箱",
        render_kw={
            "type": "email",
            "placeholder": "请输入邮箱! ",
        }
    )
```

```
    pwd = PasswordField(
        validators=[
            DataRequired("密码不能为空！")
        ],
        description="密码",
        render_kw={
            "placeholder": "请输入密码！",
        }
    )
    repwd = PasswordField(
        validators=[
            DataRequired("请输入确认密码！"),
            EqualTo('pwd', message="两次密码不一致！")
        ],
        description="确认密码",
        render_kw={
            "placeholder": "请输入确认密码！",
        }
    )
    submit = SubmitField(
        '注册',
        render_kw={
            "class": "btn btn-primary",
        }
    )

    def validate_email(self, field):
        """
        检测注册邮箱是否已经存在
        :param field: 字段名
        """
        email = field.data
        user = User.query.filter_by(email=email).count()
        if user == 1:
            raise ValidationError("邮箱已经存在！")
```

在上述代码中，定义了一个 RegisterForm 类，继承自 FlaskForm 类。FlaskForm 类是一个 Python 扩展，可以实现表单的创建和验证。接下来，定义 RegisterForm 类的相关属性和方法，包括 username、email、pwd、repwd、submit 和 validate_emai()。以 email 为例，因为在 User 表中，email 字段是字符串型数据，所以使用 StringField() 方法来定义。在 StringField() 中定义 username 的验证规则、描述信息和渲染页面的相关属性。此外，还需要使用 validate_email() 方法来验证该邮箱是否已经被注册。

接下来，回到 views.py 文件的 register() 函数。实例化 RegisterForm 类后，使用 render_template() 函数渲染模板 home/register.html，并传递 form 变量。register.html 关键代码如下。

```
<代码位置：资源包\Code\Travel\app\Templates\home\register.html >
{% block content %}
<div id="login" class="login-container">
  <form role="form" method="POST" action="">
    {% for msg in get_flashed_messages(category_filter=["err"]) %}
      <p class="login-box-msg" style="color: red">{{ msg }}</p>
    {% endfor %}
    {% for msg in get_flashed_messages(category_filter=["ok"]) %}
```

```html
        <p class="login-box-msg">{{ msg }}请去<a href="\login\">登录!</a></p>
    {% endfor %}
    <div class="form-control">
      {{ form.username }}
    </div>
    {% for err in form.username.errors %}
        <div class="form-control">
          <ul class="errors">
              <li>{{ err }}</li>
          </ul>
        </div>
    {% endfor %}
    <!--   省略部分代码   -->
    <div class="form-control">
        {{ form.csrf_token }}
        {{ form.submit }}
    </div>
  </form>
  <div>
      <p class="change-form">已有账号,直接去 <a href="\login\" >登录</a></p>
  </div>
</div>
{% endblock %}
```

在上述代码中,使用 form.username 输出表单中的 username 信息,使用 form.username.errors 输出验证 username 的错误信息。这里 form 对象是在 register()函数中通过 render_template("home/register.html", form=form)传递过来的变量。

此外需要注意的是,form.csrf_token 生成一个隐藏字段,其内容是 CSRF 令牌,需要和表单中的数据一起提交。跨站请求伪造(Cross-Site Request Forgery,CSRF)是一种通过伪装来自受信任用户的请求来发送恶意攻击的方法。FlaskForm 使用 CSRF 令牌方式避免 CSRF 攻击。

在浏览器中访问"127.0.0.1:5000/register/",注册页面运行效果如图 6-17 所示。

图 6-17 注册页面效果

2. 提交注册信息

当用户填写完注册信息提交表单时，首先验证表单，然后将注册信息存入数据库。具体流程如下。

（1）验证表单。在 forms.py 中验证表单中的每个字段。以 email 字段为例。注册信息时要求 email 不能为空，符合邮箱格式，并且邮箱唯一。在 RegisterForm 类中，关键代码如下。

```python
<代码位置：资源包\Code\Travel\app\Home\forms.py >
class RegisterForm(FlaskForm):
    """
    用户注册表单
    """
    email = StringField(
        validators=[
            DataRequired("邮箱不能为空！"),
            Email("邮箱格式不正确！")
        ],
        description="邮箱",
        render_kw={
            "type": "email",
            "placeholder": "请输入邮箱！",
        }
    )
    # 省略部分代码
    def validate_email(self, field):
        """
        检测注册邮箱是否已经存在
        :param field: 字段名
        """
        email = field.data
        user = User.query.filter_by(email=email).count()
        if user == 1:
            raise ValidationError("邮箱已经存在！")
```

在上述代码中，StringField() 方法对 RegisterForm 类的 email 属性赋值时，使用 validators 进行验证。validators 是一个列表，有两个值，DataRequired() 用于检测输入是否为空；Email() 用于检测是否符合邮箱格式。此外，对于某些特殊验证，如邮箱是否被注册，则可以使用自定义验证。在 RegisterForm 类中，定义一个方法，命名为 validate_字段名。例如，验证用户名定义 validate_username 方法，验证密码定义 validate_pwd 方法。在自定义方法中，可以实现具体的验证逻辑。

当验证用户输入不符合要求时，会将错误信息写入 form.email.errors 中。form.email.errors 是一个列表，可以在 register.html 模板中迭代输出错误信息，关键代码如下。

```html
<代码位置：资源包\Code\Travel\app\Templates\home\register.html >
    <div class="form-control">
      {{ form.email }}
    </div>
    {% for err in form.email.errors %}
        <div class="form-control">
          <ul class="errors">
            <li>{{ err }}</li>
          </ul>
        </div>
    {% endfor %}
```

在浏览器中访问"127.0.0.1:5000/register/",注册页面运行效果如图 6-18 所示。当不输入用户信息，直接提交时，运行效果如图 6-19 所示。当输入的"密码"和"确认密码"不一致时，运行效果如图 6-20 所示。当输入一个已存在的邮箱时，运行效果如图 6-21 所示。

图 6-18　验证字段不能为空

图 6-19　验证邮箱格式

图 6-20　验证密码是否一致

图 6-21　验证邮箱是否已经存在

（2）存入数据库。当验证通过后，开始接收表单数据，然后存入数据库。register()函数关键代码如下。

```
<代码位置：资源包\Code\Travel\app\Home\views.py >
        data = form.data                                    # 接收表单数据
        # 为User类属性赋值
        user = User(
            username = data["username"],                    # 用户名赋值
            email = data["email"],                          # 邮箱赋值
            pwd = generate_password_hash(data["pwd"]),      # 对密码加密后赋值
        )
        db.session.add(user)                                # 添加数据
        db.session.commit()                                 # 提交数据
```

```
        flash("注册成功! ", "ok")                           # 使用flask存储成功信息
```
　　上述代码中，通过 form.data 来接收用户在表单中提交的数据。例如，用户输入的用户名，可以用 form.data.username 来接收。为了保护用户的隐私安全，必须对用户输入的密码进行加密。可以使用 werkzeug.security 的 generate_password_hash() 方法实现密码加密功能。接下来，使用 db.session.add(user) 添加数据，使用 db.session.commit() 提交数据，最后使用 flask 存储添加成功的信息。

　　添加成功后，需要提示用户添加成功。成功信息已经写入 flash 中，可以通过 get_flashed_messages() 函数获取信息，然后输出到模板。在 register.html 模板中，输出添加成功信息。关键代码如下。

```
    {% for msg in get_flashed_messages(category_filter=["ok"]) %}
        <p class="login-box-msg">{{ msg }}请去<a href="\login\">登录! </a></p>
    {% endfor %}
```
运行结果如图 6-22 所示。

图 6-22　注册成功提示

6.6.2　实现会员登录功能

实现会员登录功能

　　会员登录模块主要用于实现网站的会员登录功能。由于用户邮箱是唯一的，所以使用邮箱和密码作为登录凭证。在登录页面中，填写用户邮箱和密码，单击"登录"按钮，即可实现会员登录。如果没有输入邮箱、密码或者账号密码不匹配，都将提示错误。

　　会员登录功能与会员注册功能业务逻辑相似，会员登录页面路由的关键代码如下。

```
<代码位置：资源包\Code\Travel\app\Home\views.py >
@home.route("/login/", methods=["GET", "POST"])
def login():
    """
    登录
    """
    form = LoginForm()                      # 实例化LoginForm类
    if form.validate_on_submit():           # 如果提交
        data = form.data                    # 接收表单数据
        # 判断用户名和密码是否匹配
        user = User.query.filter_by(email=data["email"]).first()    # 获取用户信息
        if not user:
            flash("邮箱不存在! ", "err")                              # 输出错误信息
            return redirect(url_for("home.login"))                  # 跳转到登录页
```

```
        if not user.check_pwd(data["pwd"]):        # 调用check_pwd()方法,检测用户名密码是否匹配
            flash("密码错误! ", "err")                # 输出错误信息
            return redirect(url_for("home.login"))  # 跳转到登录页

        session["user_id"] = user.id    # 将user_id写入session,后面用于判断用户是否登录
        # 将用户登录信息写入Userlog表
        userlog = Userlog(
            user_id=user.id,
            ip=request.remote_addr
        )
        db.session.add(userlog)          # 存入数据
        db.session.commit()              # 提交数据
        return redirect(url_for("home.index"))              # 登录成功,跳转到首页
    return render_template("home/login.html", form=form)    # 渲染登录页面模板
```

在上述代码中,首先实例化 LoginForm 表单,如果以 GET 方式访问路由,则执行渲染页面的功能。如果以 POST 方式访问路由,即填写登录信息登录,则首先执行表单验证功能,与注册页面表单验证功能相同,如图 6-23 所示。

图 6-23 登录验证

接下来,执行登录流程。首先根据用户输入的邮箱,获取 User 对象。如果 User 对象不存在,则提示"邮箱不存在"。然后调用 User 对象的 check_pwd() 方法,检测密码是否正确。如果密码错误,则提示"密码错误!",如果密码正确,则将用户信息写入 Session,为后续判断用户是否登录功能做准备。

6.6.3 实现会员退出功能

退出功能的实现比较简单,主要是清空登录时 Session 中的 user_id。可以使用 session.pop() 函数来实现该功能。具体代码如下。

```
<代码位置:资源包\Code\Travel\app\Home\views.py>
@home.route("/logout/")
def logout():
    """
    退出登录
    """
```

```
# 重定向到home模块下的登录
session.pop("user_id", None)
return redirect(url_for('home.login'))
```

当用户单击"退出"按钮时,执行logout()方法,并跳转到登录页。

6.7 前台首页模块设计

当用户访问 e 起去旅行网站时,首先进入的便是前台首页。前台首页是对整个网站总体内容的概述。本项目的前台首页主要包含以下内容。

- ❏ 推荐景区模块:显示在后台设置为推荐的景区。
- ❏ 推荐地区模块:显示在后台设置为推荐的地区,以及该地区的所有景区。
- ❏ 景区搜索模块:根据地区和星级搜索景区。

首页运行效果如图 6-24 所示。

图 6-24　前台首页效果

6.7.1 实现推荐景区功能

首页作为网站浏览量最多的页面,必然要向用户展示最重要的信息,但由于一个页面展示的信息量有限,所以通常都在网站后台设置推荐选项,只有被推荐的产品才会显示在首页。e起去旅行网站首页推荐景区部分也是显示被推荐的景区。

实现推荐景区功能

1. 获取推荐景区数据

当用户访问网站的根目录即"127.0.0.1:50000"时,页面跳转至首页。在前台路由文件 views.py 中首页显示的关键代码如下。

```
<代码位置:资源包\Code\Travel\app\Home\views.py >
@home.route("/")
def index():
    """
    首页
    """
    area = Area.query.all() # 获取所有地区
    hot_area = Area.query.filter_by(is_recommended = 1).limit(2).all() # 获取热门区域
    scenic = Scenic.query.filter_by(is_hot = 1).all() # 热门景区
    # 渲染模板
    return render_template('home/index.html',area=area,hot_area=hot_area,scenic=scenic)
```

在上述代码中,使用 SQLAlchemy 获取 area 表的所有地区,为搜索区域的地区下拉列表提供数据。然后分别获取热门区域和热门景区的数据。在获取热门景区时,使用 filter_by()条件筛选出 is_hot 字段为 1 的所有数据,即所有推荐的景区。最后,使用 render_template()函数渲染模板并传递数据。

2. 渲染模板

获取完热门景区数据后,接下来渲染模板显示数据。由于热门数据是一个可迭代对象,所以使用 for 标签遍历数据。关键代码如下。

```
<代码位置:资源包\Code\Travel\app\templates\home\index.html >
<div class="carousel main">
  <ul>
    {% for v in scenic %}
    <li>
      <div class="popular">
        <div class="popular_inner">
          <figure>
            <img src="{{url_for('static',filename='uploads/'+v.logo)}}" >
            <div class="over">
              <div class="v1">{{v.title}}<span>{{v.area.name}}</span></div>
              <div class="v2">{{v.introduction.replace(v.introduction[100:],'...')}}</div>
            </div>
          </figure>
          <div class="caption">
            <div class="txt1"><span>{{v.title}}</span> {{v.area.name}}</div>
            <div class="txt2">{{v.address}}</div>
            <div class="txt3 clearfix">
              <div class="stars1">
                {% for i in range(5) %}
                  {% if i < v.star %}
                    <img src="{{url_for('static',filename='base/images/star1.png')}}" >
                  {% else %}
                    <img src="{{url_for('static',filename='base/images/star2.png')}}" >
                  {% endif %}
```

```
            {% endfor %}
          </div>
          <div class="right_side"><a href="{{url_for('home.info',id=v.id)}}"
              class="btn-default btn1">查看</a>
          </div>
        </div>
      </div>
    </div>
  </li>
  {% endfor %}
</ul>
</div>
```

在上述代码中，使用 for 标签将变量 scenic 赋值给变量 v。然后使用 v.属性方式获取景区表 scenic 的字段值。例如，v.title 的值就是景区的名称，v.logo 的值就是景区的封面图片名称。为了在 HTML 页面中显示图片内容，需要设置<img>标签的 src 属性，其属性值可以使用 url_for()函数来生成。

值得注意的是，scenic 表和 area 表是一对多关系，由于使用了 SQLAlchemy，通过 v.area 就可以很容易地获取该景区对应的地区对象。v.area.name 就是这个地区的名称。

景区的星级最多为 5 星。例如，某个景区的星级为 4 星，那么可以使用 for 标签来显示 4 颗实心星和 1 颗空心星。运行结果如图 6-25 所示。

图 6-25　显示热门景区

6.7.2　实现推荐地区功能

推荐地区的功能与推荐景区类似，首先根据条件获取所有推荐的景区。前台路由文件 views.py 中有如下代码。

实现推荐地区功能

```
hot_area = Area.query.filter_by(is_recommended = 1).limit(2).all()
# 获取热门区域
```

即从 Area 表中筛选 is_recommended 字段值为 1 的数据，并限定只筛选出 2 条数据。接下来渲染视图。关键代码如下。

```
<代码位置：资源包\Code\Travel\app\templates\home\index.html >
{% for v in hot_area %}
<div id="team1">
  <div class="container">
    <h2 class="animated">{{ v.name }}</h2>
    <div class="title1 animated">{{v.introduction}}</div>
```

```
    <br>
    <div class="row">
      {% for vv in v.scenic %}
      <div class="col-sm-4">
        <div class="thumb3 animated" data-animation="flipInY" data-animation-delay="300">
          <div class="thumbnail clearfix">
            <figure class="">
              <a href="{{url_for('home.info',id=vv.id)}}">
              <img src="{{url_for('static',filename='uploads/'+vv.logo)}}" >
              <div class="over">{{vv.title}}</div>
              </a>
            </figure>
            <div class="caption">
              <div class="txt1">{{vv.title}}</div>
              <div class="txt2">{{vv.address}}</div>
            </div>
          </div>
        </div>
      </div>
      {% endfor %}
    </div>
</div>
{% endfor %}
```

在上述代码中，使用 for 标签将变量 hot_area 依次赋值给变量 v，变量 v 是地区对象，通过 v.属性的方式获取相应的属性值。但是，推荐地区内容除获取地区外，还要获取该地区的景区，v.scenic 即为该地区下的所有景区。所以，再次使用 for 标签遍历每一个景区。推荐地区运行结果如图 6-26 所示。

图 6-26　推荐地区

6.7.3 实现搜索景区功能

实现搜索景区功能

首页的搜索区域可以按地区和星级搜索景区，由于在景区模块中也会应用搜索功能，所以将搜索区域作为通用部分，使用 include 标签在需要的部分引用。在 templates\home\路径下创建 search_box.html 作为通用搜索区域，具体代码如下。

```html
<代码位置: 资源包\Code\Travel\app\templates\home\search_box.html >
<form action="/search/" class="form1" method="GET">
  <div class="row">
    <!-- 按城市查询 -->
    <div class="col-sm-4 col-md-2">
      <div class="select1_wrapper">
        <label>按城市查询:</label>
        <div class="select1_inner">
          <select name="area_id" class="select2 select" style="width: 100%">
            {% for v in area %}
              <option value="{{ v.id }}" {% if v.id== area_id %} selected {% endif %} >
                    {{v.name}}
              </option>
            {% endfor %}
          </select>
        </div>
      </div>
    </div>
    <!-- 按星级查询 -->
    <div class="col-sm-4 col-md-2">
      <div class="select1_wrapper">
        <label>按星级查询:</label>
        <div class="select1_inner">
          <select name="star" class="select2 select" style="width: 100%">
              {% for i in  range(1,6) %}
                <option value="{{i}}"
                   {% if i == star %} selected {% endif %}
                >{{i}} 星</option>
              {% endfor %}
          </select>
        </div>
      </div>
    </div>
    <!-- 省略部分代码 -->
  </div>
</form>
```

上述代码包含一个 Form 表单。表单中包含两个栏位：地区和星级。其中地区数据是 Area 表中的全部数据，星级数据则使用 for 标签设定为 1～5 颗星。运行效果如图 6-27 所示。

图 6-27　首页搜索景区

当单击"SEARCH"按钮时，使用 GET 方式提交表单到"/search/"路由，然后执行搜索景区的逻辑，关键代码如下。

```
<代码位置：资源包\Code\Travel\app\Home\views.py >
@home.route("/search/")
def search():
    """
    搜索功能
    """
    page = request.args.get('page', 1, type=int)          # 获取page参数值
    area = Area.query.all()      # 获取所有城市
    area_id = request.args.get('area_id',type=int)        # 地区
    star = request.args.get('star',type=int)              # 星级

    if area_id or star :                                  # 根据星级搜索景区
        filters = and_(Scenic.area_id==area_id,Scenic.star==star)
        page_data = Scenic.query.filter(filters).paginate(page=page, per_page=6)
    else :                          # 搜索全部景区
        page_data = Scenic.query.paginate(page=page, per_page=6)

    return render_template('home/search.html',page_data=page_data,area=area,
                           area_id=area_id,star=star)
```

在上述代码中，使用 request.args.get() 函数接收 URL 链接中的参数。area_id 表示地区 ID，star 表示星级。由于景区数量较多，为更好地展示页面效果，需要使用分页功能。所以设置 page 参数作为当前页码。如果 page 的值不存在，则默认为 1，即显示第 1 页。例如，一个 URL 为"127.0.0.1:5000/ /search/?area_id=1&star=4&page=2"，表示查找地区 ID 为 1，星级为 4 星，并且当前页码为第 2 页的数据。

接下来，判断 area_id 或者 star 是否存在。如果都不存在，则查找全部景区，否则根据筛选条件查找满足条件的景区。由于景区和星级是并且关系，所以使用 and_() 函数同时查找。最后使用 SQLAlchemy 的 paginate() 函数实现分页功能。paginate() 函数的第一个参数 page 表示当前页码，第二个参数 per_page 表示每页显示的数量。

根据特定条件查找景区的运行结果如图 6-28 所示，查找全部景区的运行效果如图 6-29 所示。

图 6-28　根据条件查找景区

图 6-29　查找全部景区

6.8　景区模块设计

景区模块主要包括景区搜索、查看景区、收藏景区和查看游记等功能。由于景区搜索功能与查看景区功能相同，所以本节不再赘述，本节重点讲解查看景区、收藏景区以及与收藏相关的功能和查看游记的功能。

6.8.1　实现查看景区功能

在前台首页或者全部景区页面，单击"查看"按钮，页面都会跳转至景区的详情介绍页面。页面路由为 http://127.0.0.1:5000/info/<int:id>，其中<id>是该景区的 ID。

实现查看景区功能

关键代码如下。

<代码位置：资源包\Code\Travel\app\Home\views.py >

```python
@home.route("/info/<int:id>/")
def info(id=None):       # id 为景区ID
    """
    详情页
    """
    scenic = Scenic.query.get_or_404(int(id))    # 根据景区ID获取景区数据，如果不存在，则返回404
    user_id = session.get('user_id',None)         # 获取用户ID,判断用户是否登录
    if user_id :                                   # 如果已经登录
        count = Collect.query.filter_by(           # 根据用户ID和景区ID判断用户是否已经收藏该景区
            user_id =int(user_id),
            scenic_id=int(id)
        ).count()
    else :                                         # 用户未登录状态
        user_id = 0
        count = 0
    # 渲染模板并传递变量
    return render_template('home/info.html',scenic=scenic,user_id=user_id,count=count)
```

在上述代码中，首先使用 get_or_404()方法根据 ID 判断景区是否存在，如果景区不存在，则直接跳转到404 页面。如果景区存在，则使用 session.get()函数获取用户 ID,然后根据用户 ID 和景区 ID 判断用户是否已经收藏该景区。

接下来查看模板文件。关键代码如下。

<代码位置：资源包\Code\Travel\app\templates\home\info.html >

```html
<!--景区内容-->
<div id="team1">
  <div class="container">
    <h2 class="animated">{{scenic.title}}
      {% if count %}
        <button class="collect-button">已收藏</button>
      {% else %}
        <button class="collect-button">收藏</button>
      {% endif %}
    </h2>
    <div class="title1">{{scenic.content|safe}}</div>
  </div>
</div>
<!--游记列表-->
<div class="container" style="padding-bottom: 100px">
  <h2 class="animated">{{scenic.title}}游记</h2>
    <div class="row">
    {% if not scenic.travels %}
      <div class="title1">暂无游记</div>
    {% else %}
    <div class="col-sm-12 animated undefined visible">
      <ul class="ul2" style="padding-left: 150px">
        {% for v in scenic.travels %}
        <li class="form-groupe">
          <a href="{{url_for('home.travels',id=v.id)}}">{{ v.title }}</a>
        </li>
        {% endfor %}
```

```
        </ul>
      </div>
    {% endif %}
  </div>
</div>
```

模板文件代码相对简单,在页面中主要显示两部分内容:景区详情和景区游记。景区详情包括标题、是否收藏和景区内容。使用 if-else 标签判断是否收藏,并显示相应文字。在获取景区内容时,使用"|safe"过滤器将 HTML 代码标签标记为安全,可以正常显示,如图 6-30 所示,否则页面将输出转义后的内容,如图 6-31 所示。

图 6-30 使用过滤器效果

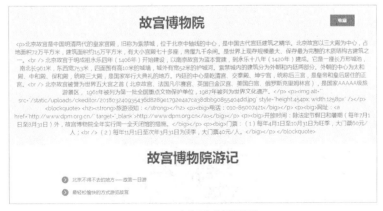

图 6-31 未使用过滤器效果

6.8.2 实现查看游记功能

在景区页面底部有一个"景区游记"列表区域，单击相应选项即可查看景区游记。景区游记路由是"127.0.0.1:5000/travels/<int:id>/"，其中 id 为游记 ID，具体代码如下。

实现查看游记功能

```python
<代码位置：资源包\Code\Travel\app\Home\views.py >
@home.route("/travels/<int:id>/")
def travels(id=None):
    """
    详情页
    """
    travels = Travels.query.get_or_404(int(id))
    return render_template('home/travels.html',travels=travels)
```

在上述代码中，首先根据景区 ID 获取景区数据。如果不存在，则直接跳转至 404 页面，然后渲染模板并传递变量。在游记模板中，关键代码如下。

```html
<代码位置：资源包\Code\Travel\app\templates\home\travels.html >
<div id="team1">
  <div class="container">
    <h2 class="animated">{{travels.title}}</h2>
    <div class="title1">作者：{{ travels.author }}    {{ travels.addtime }}
    </div>
    <div class="content">{{travels.content|safe}}</div>
  </div>
</div>
```

查看游记与查看景区模板页面类似，这里不再赘述。运行效果如图 6-32 所示。

图 6-32 显示游记效果

6.8.3 实现收藏景区功能

景区详情页面可以实现景区收藏功能。单击标题右侧的"收藏"按钮,先选判断用户是否登录,如果没有登录,则提示用户"请先登录"。如果已经登录,则通过 Ajax(异步的 JavaScript 与 XML 技术)方式执行收藏景区的业务逻辑。

实现收藏景区功能

在查看景区功能中,首先判断用户是否登录。如果用户在未登录的情况下,单击"收藏"按钮,将弹出错误提示。运行结果如图 6-33 所示。

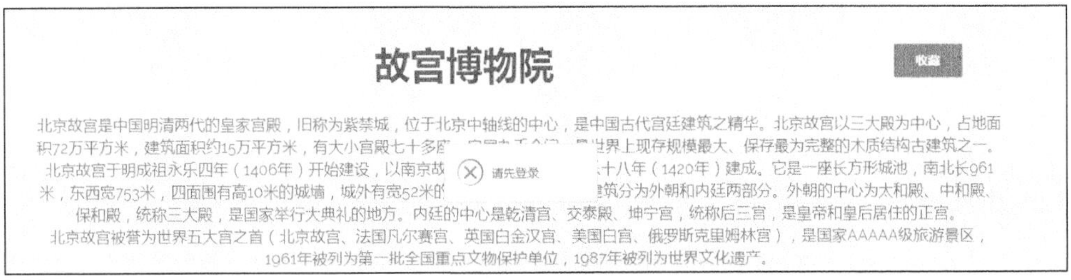

图 6-33　判断是否登录效果

如果用户已经登录,单击"收藏"按钮,将使用 Ajax 在页面无跳转的情况下,将景区 ID 提交至路由"127.0.0.1:5000/ collect_add",执行收藏景区的逻辑,接着将执行后的信息返回给当前页面。

首次收藏运行效果如图 6-34 所示。再次收藏运行效果如图 6-35 所示。

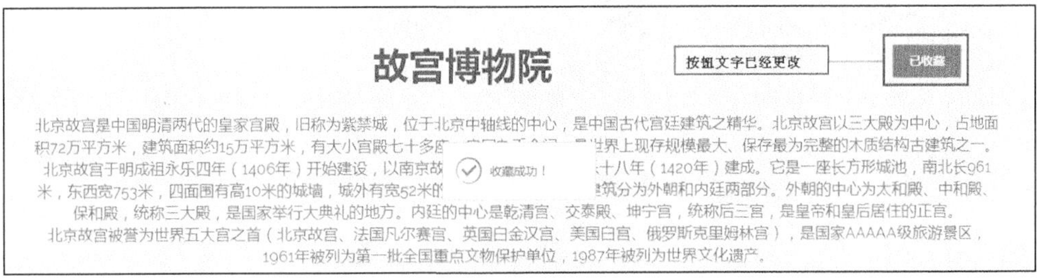

图 6-34　首次收藏运行效果

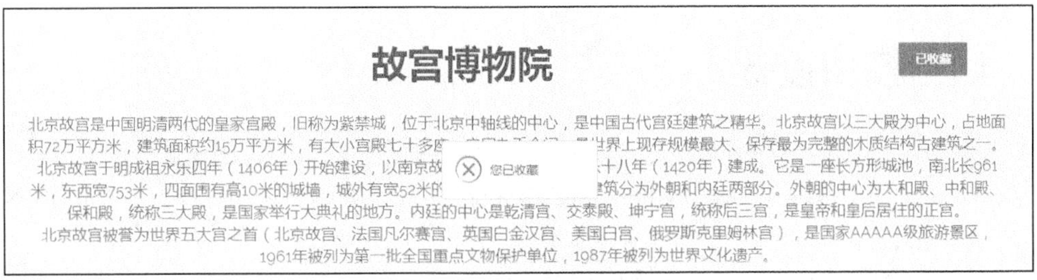

图 6-35　再次收藏运行效果

6.8.4　实现查看收藏景区功能

用户收藏完景区后,可以单击顶部导航"我的收藏"链接查看所有收藏的景区。首先判断是否有收藏的数据,如果没有,则提示"暂时没有收藏景区!"。如果有收藏数据,则获取相应的景区数据。运行效果如图 6-36 所示。

实现查看收藏景区功能

图 6-36 查看收藏景区效果

取消收藏景区功能与收藏景区类似，也使用 Ajax 异步提交方式完成。当用户单击"取消收藏"按钮时，获取该景区 ID，然后提交到"127.0.0.1:5000/collect_cancel/"路由，执行取消收藏景区的逻辑。运行结果如图 6-37 所示。

图 6-37 取消收藏效果

6.9 后台模块设计

对于动态网站而言，网站后台起着至关重要的作用，因为需要在后台对数据实现增删改查等操作，从而管理所有前台显示的动态数据。e 起去旅游网站后台使用了 BootStrap 主题模板——AdminLTE，页面美观大方，布局合理，可扩展性强。

后台模块包括管理员管理、用户管理、地区管理、景区管理、游记管理和日志管理等。由于篇幅有限，所以只重点介绍景区管理模块，其他管理模块只做简单介绍和效果展示。

6.9.1 实现管理员登录功能

在后台登录页面中，填写管理员用户名和密码，单击"登录"按钮，即可实现管理员登录。如果没有输入用户名和密码，单击"登录"按钮时，运行效果如图 6-38 所示。如果输入一个不存在的账号，单击"登录"按钮时，运行效果如图 6-39 所示。如果输

实现管理员登录功能

入正确的账号和密码,则进入后台控制面板页面,运行效果如图6-40所示。

图6-38 验证是否为空　　　　　　　图6-39 验证账号是否存在

图6-40 后台控制面板页面效果

6.9.2 实现景区管理功能

景区管理功能作为e起去旅游的核心模块,包括新增景区、景区列表、编辑景区、删除景区等功能。下面分别介绍这4个功能。

实现景区管理功能

1. 新增景区

新增景区页面主要显示景区表单,表单包括的内容及满足条件如下。

- ❑ 景区名称:输入框,不能为空。
- ❑ 所述地区:下拉列表,从Area表中筛选数据。
- ❑ 景区地址:输入框,不能为空。
- ❑ 星级:下拉列表,1～5级。
- ❑ 是否推荐:单选框,如果设置推荐,将在前台首页推荐景区中显示。
- ❑ 是否热门:单选框,如果设置热门,将在前台首页推荐地区中显示。
- ❑ 封面:文件域,上传图片格式为jpg或pgn。
- ❑ 景区简介:文本域,不能为空。
- ❑ 景区内容:文本编辑器,不能为空。

由于上面字段的验证规则较多,所以可以使用 WTForms 扩展方便地实现表单的验证,在后台 form.py 文件中设置验证规则,关键代码如下。

<代码位置:资源包\Code\Travel\app\Admin\forms.py >

```python
from flask_wtf import FlaskForm
from flask_wtf.file import FileAllowed
from wtforms import StringField, PasswordField, SubmitField, FileField, TextAreaField,
                    RadioField,SelectField
from wtforms.validators import DataRequired, ValidationError
from app.models import Admin
class ScenicForm(FlaskForm):
    # 省略部分代码
    star = SelectField(
        label="星级",
        validators=[
            DataRequired("请选择星级! ")
        ],
        coerce=int,
        choices=[(1, "1星"), (2, "2星"), (3, "3星"), (4, "4星"), (5, "5星")], default=5,
        description="星级",
        render_kw={
            "class": "form-control",
        }
    )

    logo = FileField(
        label="封面",
        validators=[
            DataRequired("请上传封面! "),
            FileAllowed(['jpg', 'png'], '请上传jpg或png格式图片!')
        ],
        description="封面",
    )

    is_hot = RadioField(
        label = '是否热门',
        description="是否热门",
        coerce = int,
        choices=[(0,'否'), (1,'是')], default=0,
    )

    content = TextAreaField(
        label="景区内容",
        validators=[
            DataRequired("景区内容不能为空! ")
        ],
        description="景区内容",
        render_kw={
            "class": "form-control ckeditor",
            "rows": 10
        }
```

```
    )
    area_id = SelectField(
        label="所属地区",
        validators=[
            DataRequired("请选择标签!")
        ],
        coerce=int,
        description="所属地区",
        render_kw={
            "class": "form-control",
        }
    )
```

在上述代码中,title 和 address 字符串输入框的验证与前台登录注册模块相同。start 下拉列表需要设置 SelectField() 的 choices 属性,将下拉列表的 value 值和文本写入字典,此外还可以使用 default 设置默认值。例如:

choices=[(1, "1星"), (2, "2星"), (3, "3星"), (4, "4星"), (5, "5星")], default=5,

由于设置下拉列表的 value 值为整型,如"1"表示 1 星。所以,还要设置一个属性 coerce=int。 运行效果如图 6-41 所示。

图 6-41　下拉列表运行效果

logo 文件上传框需要设置 FileField() 的 FileAllowed() 方法,设置允许上传的文件类型。is_hot 和 is_recommended 单选框的设置与 SelectField() 下拉列表相同。此外,值得注意的是,area_id 也是一个下拉列表,但是由于地区数据需要从 area 表中筛选,所以 ScenicForm 类中没有设置该属性,后面实例化 ScenicForm 类后会动态设置。

添加景区方法的关键代码如下。

```
<代码位置:资源包\Code\Travel\app\Admin\views.py >
@admin.route("/scenic/add/", methods=["GET", "POST"])
@admin_login
def scenic_add():
    """
    添加景区页面
    """
    form = ScenicForm()  # 实例化form表单
    form.area_id.choices = [(v.id, v.name) for v in Area.query.all()]  # 为area_id添加属性
    if form.validate_on_submit():
        data = form.data
        # 判断景区是否存在
        scenic_count = Scenic.query.filter_by(title=data["title"]).count()
        # 判断是否有重复数据
        if scenic_count == 1:
            flash("景点已经存在!", "err")
            return redirect(url_for('admin.scenic_add'))
```

```
            file_logo = secure_filename(form.logo.data.filename)     # 确保文件名安全
            if not os.path.exists(current_app.config["UP_DIR"]):     # 如果目录不存在
                os.makedirs(current_app.config["UP_DIR"])            # 创建目录
                os.chmod(current_app.config["UP_DIR"], "rw")         # 设置权限
            logo = change_filename(file_logo)   # 更改名称
            form.logo.data.save(current_app.config["UP_DIR"] + logo) # 保存文件
            # 为Scenic类属性赋值
            scenic = Scenic(
                title=data["title"],
            # 省略部分代码
            )
            db.session.add(scenic)       # 添加数据
            db.session.commit()          # 提交数据
            addOplog("添加景区"+data["title"])  # 添加日志
            flash("添加景区成功! ", "ok") # 使用flash保存添加成功信息
            return redirect(url_for('admin.scenic_add'))  # 页面跳转
        return render_template("admin/scenic_add.html", form=form)  # 渲染模板
```

在上述代码中,首先实例化 ScenicForm 表单,然后设置 form.area_id.choices 的属性值。这里从 area 表中获取包含 id 和 name 的全部数据,并以列表格式赋值。接下来,判断是否提交表单,如果没有提交表单,则只渲染添加景区模板。如果提交表单,则先验证表单数据是否满足条件,验证通过后再执行添加景区的业务逻辑。添加景区时,首先需要根据标题查找 scenic 表,判断标题是否已经存在,防止重复添加,然后单独处理文件上传内容。主要步骤如下。

- 判断文件存储目录是否存在,不存在则创建该目录。
- 调用 change_filename()自定义方法创建一个唯一的文件名。
- 使用 save()方法存储表单。

添加景区模板关键代码如下。

```
<代码位置: 资源包\Code\Travel\app\Templates\ admin\scenic_add.html>
<form role="form" method="post" enctype="multipart/form-data">
    <div class="box-body">
        <!-- 省略部分代码 -->
        <!-- 景区内容 -->
        <div class="form-group">
            <label for="input_content">{{ form.content.label }}</label>
            {{ form.content }}
            {% for err in form.content.errors %}
                <div class="col-md-12">
                    <p style="color: red">{{ err }}</p>
                </div>
            {% endfor %}
        </div>
    </div>
    <div class="box-footer">
        {{ form.csrf_token }}
        {{ form.submit }}
    </div>
</form>
{% block js %}
    <script src="{{ url_for('static',filename='ckeditor/ckeditor.js') }}"></script>
```

```
<script>
    // 使用CKEditor文本编辑器
    CKEDITOR.replace('content', {
        filebrowserUploadUrl: '/admin/ckupload/',   // 设置文件上传路径
    });
</script>
{% endblock %}
```

在上述代码中，使用 CKEditor 文本编辑器替换原来的文本框。首先引入 ckeditor.js 文件，然后使用 CKEDITOR.replace()方法，设置替换的区域以及 CKEditor 文件上传的路径。运行结果如图 6-42 所示。

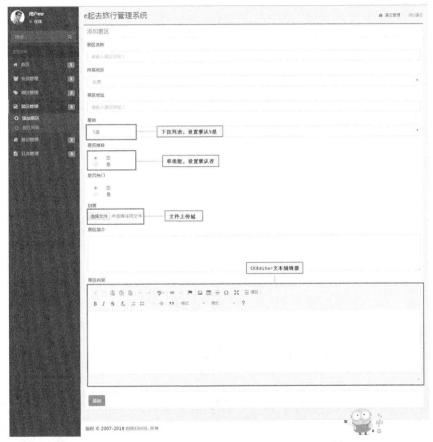

图 6-42　新增景区

2. 景区列表

添加完景区，可以在景区列表页中查看添加结果。景区列表路由为 "127.0.0.1:5000/admin/scenic/list/"，关键代码如下。

```
<代码位置：资源包\Code\Travel\app\Admin\views.py >
@admin.route("/scenic/list/", methods=["GET"])
@admin_login
def scenic_list():
    """
    景区列表页面
    """
    title = request.args.get('title','',type=str)   # 获取查询标题
```

```python
    page = request.args.get('page', 1, type=int)      # 获取page参数值
    if title :                                          # 根据标题搜索景区
        page_data = Scenic.query.filter_by(title=title).order_by(
            Scenic.addtime.desc()                      # 根据添加时间降序
        ).paginate(page=page, per_page=5)              # 分页
    else :                                              # 显示全部景区
        page_data = Scenic.query.order_by(
            Scenic.addtime.desc()                      # 根据添加时间降序
        ).paginate(page=page, per_page=5)              # 分页
    return render_template("admin/scenic_list.html", page_data=page_data) # 渲染模板
```
运行结果如图 6-43 所示。

图 6-43 景区列表效果

3. 编辑景区

添加完景区后，如果发现填写错误，可以通过编辑景区功能来更改景区信息。编辑景区的路由是"127.0.0.1:5000/admin/scenic/edit/<int:id>/"，关键代码如下。

```python
<代码位置：资源包\Code\Travel\app\Admin\views.py >
@admin.route("/scenic/edit/<int:id>/", methods=["GET", "POST"])
@admin_login
def scenic_edit(id=None):
    """
    编辑景区页面
    """
    form = ScenicForm() # 实例化ScenicForm类
    form.area_id.choices = [(v.id, v.name) for v in Area.query.all()]  # 为area_id添加属性
    form.submit.label.text = "修改"                 # 修改提交按钮的文字
    form.logo.validators = []                       # 初始化为空
    scenic = Scenic.query.get_or_404(int(id))       # 根据ID查找景区是否存在
    if request.method == "GET":                     # 如果以GET方式提交，获取所有景区信息
        form.is_recommended.data = scenic.is_recommended
        # 省略部分代码
    if form.validate_on_submit():                   # 如果提交表单
        data = form.data                            # 获取表单数据
```

```
        scenic_count = Scenic.query.filter_by(title=data["title"]).count()  # 判断标题是否重复
        # 判断是否有重复数据
        if scenic_count == 1:
            flash("景点已经存在！", "err")
            return redirect(url_for('admin.scenic_edit', id=id))
        # 省略部分代码
        db.session.add(scenic)       # 添加数据
        db.session.commit()          # 提交数据
        flash("修改景区成功！", "ok")
        return redirect(url_for('admin.scenic_edit', id=id))  # 跳转到编辑页面
    return render_template("admin/scenic_edit.html", form=form, scenic=scenic)
    # 渲染模板
```

上述代码与新增景区的代码基本相似，只是在渲染模板时，要传递当前 ID 的景区数据。运行结果如图 6-44 所示。

图 6-44　编辑景区页面效果

4．删除景区

当不再需要一个景区时，可以使用删除景区功能。删除景区的路由是 "127.0.0.1:5000/admin/scenic/edit/<int:id>/"，关键代码如下。

```
@admin.route("/scenic/del/<int:id>/", methods=["GET"])
@admin_login
def scenic_del(id=None):
```

```
"""
景区删除
"""
scenic = Scenic.query.get_or_404(id)              # 根据景区ID查找数据
db.session.delete(scenic)                          # 删除数据
db.session.commit()                                # 提交数据
flash("景区删除成功", "ok")                        # 使用flash存储成功信息
addOplog("删除景区"+scenic.title)                 # 添加日志
return redirect(url_for('admin.scenic_list', page=1))  # 渲染模板
```

在上述代码中，首先查找景区是否存在，如果存在，则使用delete()方法删除景区，然后使用commit()方法提交数据。最后，使用addOplog()自定义方法写入操作日志，记录删除的数据。

6.9.3 实现地区管理功能

实现地区管理功能

因为在添加景区时，需要选择所在地区，所以需要在"地区管理"菜单中添加地区。地区管理也包括新增地区、地区列表、编辑地区和删除地区等功能。地区列表运行效果如图6-45所示。

图6-45 地区列表效果

6.9.4 实现游记管理功能

实现游记管理功能

添加完景区后，可以为景区添加多个游记，这就需要使用游记管理功能。游记管理功能包括新增游记、游记列表、编辑游记和删除游记等功能。添加游记时，需要选择所属景区，运行效果如图6-46所示。游记列表运行效果如图6-47所示。

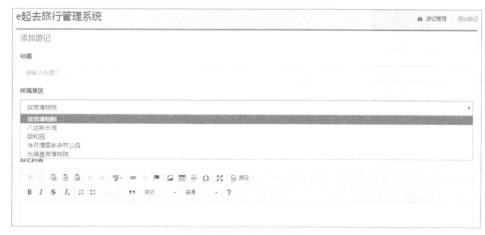

图6-46 新增游记效果

图 6-47　游记列表效果

6.9.5　实现会员管理功能

实现会员管理功能

作为后台管理员，需要知道前台哪些用户注册了网站，这就需要会员管理功能。会员管理功能包括查看会员的列表信息、查看详细信息以及删除会员等功能。会员列表信息如图 6-48 所示。

图 6-48　会员列表效果

如果会员信息较多，在列表中无法全部展示，则可以单击"查看"按钮，查看会员的详细信息，如图 6-49 所示。

图 6-49　查看会员详情

6.9.6　实现日志管理功能

实现日志管理功能

日志管理主要记录操作日志相关内容。日志管理的功能如下。

❑ 操作日志：主要记录管理员新增和删除地区、景区、游记的操作。
❑ 管理员登录日志：主要记录管理登录后台的信息，包括登录时间和登录 IP 等。
❑ 会员登录日志：主要记录前台会员登录的信息。

操作日志运行效果如图 6-50 所示。
管理员登录日志运行效果如图 6-51 所示。
会员登录日志运行效果如图 6-52 所示。

图 6-50 操作日志运行效果

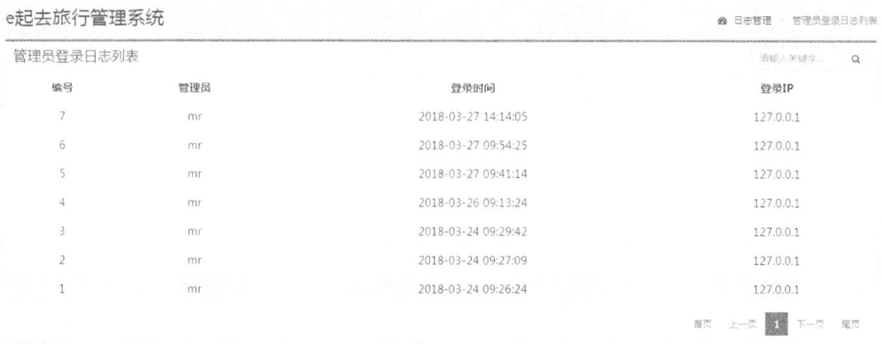

图 6-51 管理员登录日志运行效果

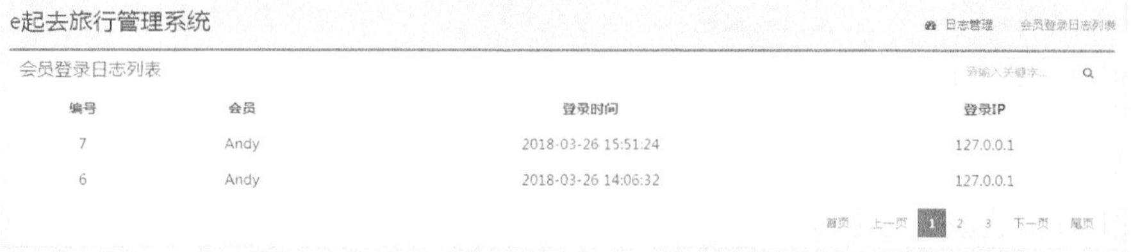

图 6-52 会员登录日志运行效果

小　结

　　本章主要介绍如何使用 Flask 框架实现 e 起去旅行项目，包括网站的系统功能设计、数据库设计以及前台和后台的主要功能模块。希望通过本章的学习，读者能够将前面章节所学知识融会贯通，了解项目开发流程，并掌握 Flask 开发 Web 技术，为今后项目开发积累经验。

习　题

6-1　如何使用 CKEditor 富文本编辑器？

6-2　如何实现用户权限验证？

第7章

案例5：基于Tornado的BBS问答社区

BBS（Bulletin Board System）直译为电子布告栏系统，是一种流行的网络论坛系统。BBS网站提供分类讨论区，用户可以在相应的讨论区中发布帖子、回复帖子和采纳帖子等。例如，对于编程学习者而言，经常浏览的BBS社区有明日学院社区、V2EX社区和CSDN等。编程学习者可以在这些社区中学习解决问题技术和交流编程思想等。本章将使用Tornado框架开发一个BBS问答社区。

本章要点

- 使用命令行参数执行不同操作
- 使用MySQL命令行导入数据
- 使用Tornado-Mysql操作数据库
- 使用Tornado异步Web请求
- 使用长轮询查看答案数
- 使用CKEditor富文本编辑器

7.1 需求分析

问答类型的社区需具有如下功能。
- ❑ 用户授权功能，包括用户注册、登录、注销等。
- ❑ 社区问答功能，包括用户发帖提问、显示问题列表、查看帖子详情、删除帖子等功能。
- ❑ 标签系统功能，包括用户发帖时创建标签，根据标签查看相关帖子等。
- ❑ 回复系统功能，包括用户回帖、显示回复列表、删除帖子、查看帖子状态等。
- ❑ 回复状态长轮询功能，用户回复的状态可以第一时间展示给提问者。
- ❑ 用户排名功能，根据用户的积分进行排名。

项目配置使用说明

需求分析

7.2 系统设计

7.2.1 系统功能结构

系统设计

BBS 问答社区功能结构图如图 7-1 所示，包括用户授权、问答系统、标签系统、回复系统和用户排名等功能。其中，回复系统采用了长轮询设计，提问者可以在第一时间查看回复者的回复状态。

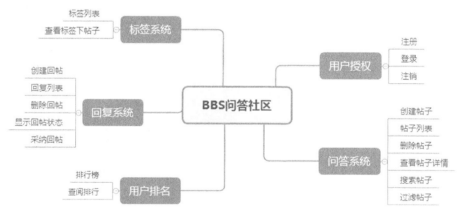

图 7-1 功能结构图

7.2.2 系统业务流程

BBS 问答社区主要实现了类似于 StackOverflow 的提问和采纳功能。用户可以通过富文本编辑器向系统中的其他用户提专业问题，其他用户可以通过问题列表读取最新提出的问题并进行回复，如果回复的答案被提问者采纳，那么该用户将获得 1 个积分的奖励，并且该答案将会呈现到回复列表的最上端，不论是否被采纳，回复者的回复都会实时展示给提问者，以便于提问者及时查看。BBS 问答系统的业务流程如图 7-2 所示。

7.2.3 系统预览

在 BBS 问答社区发帖前需要注册并登录网站，如图 7-3 所示。登录成功后进入问答列表首页，如图 7-4 所示。

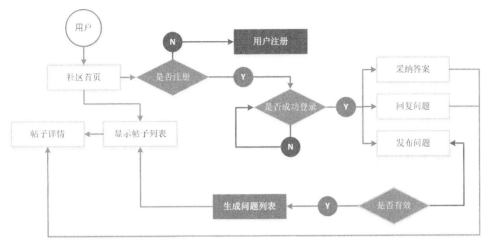

图 7-2　系统业务流程图

图 7-3　注册登录

图 7-4　问答列表

用户发帖页面如图 7-5 所示，回帖页面如图 7-6 所示。

图 7-5　发帖页面

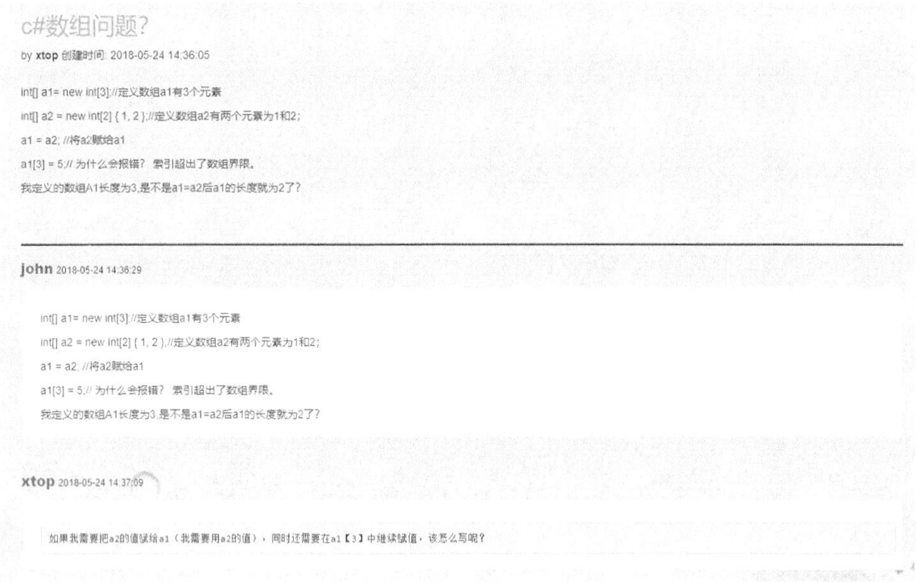

图 7-6　回帖页面

答案采纳页面如图 7-7 所示，显示回复数量页面如图 7-8 所示。

图 7-7　答案采纳页面

图 7-8　显示回复数量页面

7.3　系统开发必备

系统开发必备

7.3.1　系统开发环境

本系统的开发软件及运行环境如下。
- 操作系统：Windows 7 及以上/Linux。
- 虚拟环境：virtualenv。
- 数据库：MySQL。
- MySQL 图形化管理软件：Navicat for MySQL。
- 开发工具：PyCharm。
- Tornado 版本：5.0.2。
- 浏览器：Chrome 浏览器。

7.3.2　文件夹组织结构

本项目主要使用的开发工具为 Pycharm，解释器使用了基于 CPython 的 IPython，便于调试。文件夹组织结构如图 7-9 所示。

图 7-9　文件夹组织结构

在本项目中，定义了一个 manage.py 文件，所有与程序启动相关的类和方法都写进这个文件中。还定义了一些实用的命令，方便项目调试和初始化。相关命令及说明如下。

```
python manage.py run          # 启动项目
python manage.py migrate      # 创建迁移脚本
python manage.py dbshell      # 连接到数据库cli
python manage.py shell        # 打开ipython解释器
python manage.py help         # 帮助文件
```

7.4 技术准备

7.4.1 Redis 数据库

Redis 数据库

Redis 是完全开源免费的，遵守 BSD 协议，是一个高性能的 key-value 数据库。Redis 与其他 key-value 缓存产品相比有以下 3 个特点。

- ❑ Redis 支持数据的持久化，可以将内存中的数据保存在磁盘中，重启时可以再次加载使用。
- ❑ Redis 不仅支持简单的 key-value 类型的数据，还提供 list、set、zset、hash 等数据结构的存储。
- ❑ Redis 支持数据的备份，即 master-slave 模式的数据备份。

下面先介绍 Redis 数据库的安装和使用。

1. 下载安装

在浏览器中输入网址 https://github.com/MicrosoftArchive/redis/releases。选择当前最新版本中后缀为 .msi 的文件，如图 7-10 所示。

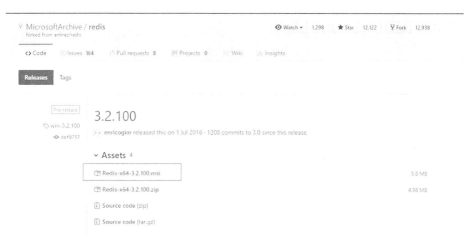

图 7-10 下载 Redis

解压文件后，单击 Redis-x64-3.2.100.msi 安装文件，选择安装路径，接着按照提示默认安装即可。

2. 启动 Redis

进入安装目录，如 E:\Program Files\Redis。在目录下输入如下命令。

```
redis-server.exe redis.windows.conf
```

Redis 启动成功后，运行效果如图 7-11 所示。

```
E:\Program Files\Redis>redis-server.exe redis.windows.conf
[6480] 14 Jan 10:20:57.351 # Creating Server TCP listening socket 127.0.0.1:6379: bind: No error
```

图 7-11 启动 Redis

3. 基本使用

成功启动 Redis 以后，重新开启一个 CMD 窗口，在安装目录 E:\Program Files\Redis 下，使用如下命令连接 Redis。

```
Redis-cli.exe -h 127.0.0.1 -p 6379
```

上述命令中的参数 h 表示 host（主机），p 表示 port（端口号），可以省略，默认为 6379。连接成功后，可以使用 set 命令设置键值，get 命令根据键获取值，del 命令用于删除键值，如图 7-12 所示。

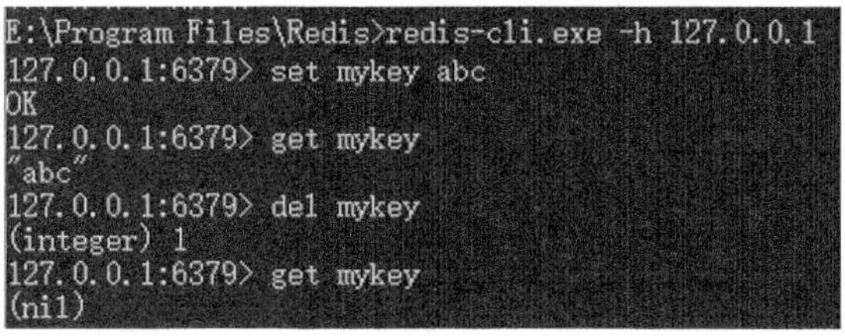

E:\Program Files\Redis>redis-cli.exe -h 127.0.0.1
127.0.0.1:6379> set mykey abc
OK
127.0.0.1:6379> get mykey
"abc"
127.0.0.1:6379> del mykey
(integer) 1
127.0.0.1:6379> get mykey
(nil)

图 7-12　连接 Redis 并设置键值

7.4.2　短轮询和长轮询

短轮询和长轮询

即时通信技术用于实现服务器端即时地将数据的更新或变化反映到客户端，例如，消息即时推送等功能就是通过这种技术实现的。但是在 Web 中，由于浏览器的限制，实现即时通信需要借助一些方法。这种限制出现的主要原因是，一般的 Web 通信都是浏览器先发送请求到服务器，服务器再进行响应，完成数据的现实更新。

实现即时通信主要有 4 种方式，分别是短轮询、长轮询（comet）、长连接（SSE）、WebSocket。它们大体可以分为两类，一类是在 HTTP 基础上实现的，包括短轮询、长轮询和长连接；另一类不是在 HTTP 基础上实现的，即 WebSocket。下面分别介绍这 4 种轮询方式。

1. 短轮询

短轮询的基本思路就是浏览器每隔一段时间向浏览器发送 HTTP 请求，服务器端在收到请求后，不论是否有数据更新，都直接响应。这种方式实现的即时通信，本质上还是浏览器发送请求，服务器接受请求的过程，通过让客户端不断地请求，客户端能够模拟实时地收到服务器端的数据的变化。短轮询的工作原理如图 7-13 所示。

Connection Open
Return data， connection close
interval
Connection Open
Return data， connection close
interval
Connection Open
Return data， connection close
客户端
服务器端

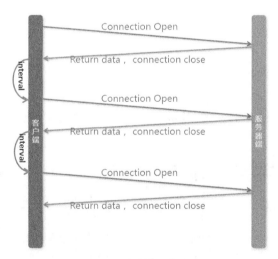

图 7-13　短轮询工作原理

这种方式的优点是比较简单，易于理解，实现起来也没有什么技术难点。缺点是显而易见的，由于需要不断地建立 HTTP 连接，所以严重浪费了服务器端和客户端的资源，尤其是在客户端，例如，如果有数量级相对较大的用户同时位于基于短轮询的应用中，那么每个用户的客户端都会疯狂地向服务器端发送 HTTP 请求，而且不会间断。人数越多，服务器端压力越大，这是很不合理的。

因此短轮询适用于小型应用，不适用于那些同时在线用户数量比较大，并且很注重性能的 Web 应用。

2. 长轮询

长轮询指的是，当服务器收到客户端发来的请求后，不会直接响应，而是先将这个请求挂起，然后判断服务器端数据是否有更新。如果有更新，则响应，如果一直没有数据，则到达一定的时间限制（在服务器端设置）后关闭连接。长轮询工作原理如图 7-14 所示。

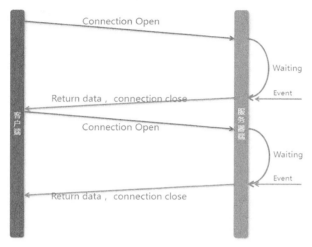

图 7-14　长轮询工作原理

长轮询的主要优势在于其极大地减小了 Web 服务器的负载。相对于客户端制造大量的短而频繁的请求（以及每次处理 HTTP 头部产生的开销），服务器端只有当其接收一个初始请求和再次发送响应时，才处理连接。大部分时间没有新的数据，连接也不会消耗任何处理器资源。

长轮询主要应用于使用状态更新、消息通知以及聊天消息的网站。

7.5　数据库设计

数据库设计

7.5.1　数据库概要说明

本项目采用 MySQL 数据库，数据库名为 bbs，共有 5 张表，表名及含义如表 7-1 所示。

表 7-1　数据库表结构

表名	含义	作用
t_group	用户组表	用于存储用户组信息
t_user	用户表	用于存储用户信息
t_tag	标签	用于存储标签信息
t_question	问题表	用于存储问题信息
t_answer	答案表	用于存储答案回复信息

7.5.2　数据表关系

本项目中主要数据表的关系为：一个用户对应一个用户组，一个问题对应一个标签和多个答案。每个用户对应多个问题和答案，其 ER 图如图 7-15 所示。

图 7-15　数据库 ER 图

7.6　用户系统设计

用户系统设计

7.6.1　实现用户注册功能

会员用户注册功能在 handlers 模块下的 auth_handlers.py 文件中的 SignupHandler 类，只接受 GET 请求。

首先判断用户输入的图形验证码是否正确，图形验证码存储在 redis 中。如果验证码正确，则校验数据库中是否存在该用户，如果不存在，则将密码使用 md5 加密并将用户信息保存到数据库中。最后设置登录 cookie 过期时间为 30 天。

如果上述过程出现错误或异常，则返回错误 JSON 数据信息，在前端代码中，使用 Ajax 请求来完成这个请求过程，并对用户填写的表单数据进行合法校验，对错误响应进行提示。

注册流程如图 7-16 所示。

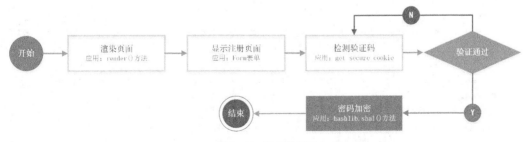

图 7-16　注册流程图

实现用户注册功能的关键代码如下。

<代码位置：Code\BBS\handlers\auth_handlers.py >

```python
class SignupHandler(BaseHandler):
    """
    注册控制器
    """
    @gen.coroutine
    def get(self, *args, **kwargs):                      # 渲染页面
        self.render('login.html')

    @gen.coroutine
    def post(self, *args, **kwargs):                     # 提交注册数据
        username = self.get_argument('username', '')     # 接收用户名参数
        password = self.get_argument('password', '')     # 接收密码参数
        vcode = self.get_argument('vcode', '')           # 接收验证码参数
        sign = self.get_argument('sign', '')             # 接收验证码标识参数
        # 检测验证码是否正确
        if self.get_secure_cookie(sign).decode('utf-8') != vcode:
            self.json_response(*LOGIN_VCODE_ERR)
            raise gen.Return()

        data = yield get_user_by_username(username)      # 根据用户名获取用户信息
        if data:  # 如果用户已经存在
            self.json_response(*USER_EXISTS)             # 提示错误信息
            raise gen.Return()

        password = hashlib.sha1(password.encode('utf-8')).hexdigest()  # 加密密码
        result = yield create_user(username, password)   # 将用户名和密码写入数据库
        if not result:  # 如果结果不存在，则提示错误信息
            self.json_response(*USER_CREATE_ERR)
            raise gen.Return()

        self.set_secure_cookie('auth-user', username)                       # 生成登录cookie
        self.set_cookie('username', username, expires_days=30)              # 设置过期时间
        self.json_response(200, 'OK', {})
```

注册页面是通过 Tornado.web.RequestHandler 的 render 函数来实现的。这个页面和登录功能通用，前端的校验过程是在 Ajax 请求中完成的，并且对每一次输入数据进行合理性校验，对所有的错误码做出正确的响应和提示。

前端页面主要显示登录和注册的 Form 表单，关键代码如下。

<代码位置：Code\BBS\templates\login.html >

```html
{% extends 'base.html' %}
{% block title %}登录{% end %}
{% block body %}
{!-- 省略部分代码 --}
<form role="form" action="" method="post" class="registration-form">
    <fieldset>
        <div class="form-top">
            <div class="form-top-left">
                <h3>登录/注册</h3>
            </div>
```

```html
            <div class="form-top-right">
                <i class="fa fa-users"></i>
            </div>
        </div>
        <div class="form-bottom">
            <div class="form-group">
                <label class="sr-only" for="form-username">用户名</label>
                <input type="text" name="username" placeholder="用户名" class="form-control"
                    id="form-username">
            </div>
            <div class="form-group">
                <label class="sr-only" for="form-password">密码</label>
                <input type="password" name="password" placeholder="密码" class="form-control"
                    id="form-password">
            </div>
            <div class="form-group">
                <div class="row">
                    <div class="col-md-8">
                        <label class="sr-only" for="form-vcode">验证码</label>
                        <input type="text" name="vcode" placeholder="验证码" class="form-control"
                            id="form-vcode">
                    </div>
                    <div class="col-md-4">
                        <img id="loginVcode" src="" alt="刷新失败" />
                    </div>
                </div>
            </div>
            <button id="submitLogin" type="button" class="btn btn-info">登录</button>
            <button id="submitSignup" type="button" class="btn btn-success">注册</button>
        </div>
    </fieldset>
</form>
```

在上述代码中,单击"登录"按钮,实现用户登录功能。单击"注册"按钮,实现用户注册功能。这2个功能都是通过 Ajax 异步提交方式来实现的。由于实现方式类似,所以只以"注册"为例进行讲解。注册功能的 JavaScript 关键代码如下。

```javascript
<代码位置: Code\BBS\static\js\login.js>
$('#submitSignup').click(function () {
    let username = $('#form-username').val();     // 获取用户名
    let password = $('#form-password').val();     // 获取密码
    let vcode = $('#form-vcode').val();           // 获取验证码
    // 使用正则表达式检测用户名是否在4~12位之间
    if(!username.match('^\\w{4,12}$')) {          // 如果不是
        $('#form-username').css('border', 'solid red'); // 更改边框样式
        $('#form-username').val('');                    // 设置用户名为空
        $('#form-username').attr('placeholder', '用户名长度应该在4~12位之间'); // 显示提示信息
        return false;
    }else { // 如果是
        $('#form-username').css('border', '');    // 设置用户名边框样式为空白
    }
    // 使用正则表达式检测密码是否为6~20位
```

```javascript
if(!password.match('^\\w{6,20}$')) {
    $('#form-password').css('border', 'solid red');
    $('#form-password').val('');
    $('#form-password').attr('placeholder', '密码长度应该在6~20位');
    return false;
}else {
    $('#form-password').css('border', '');
}
// 使用正则表达式检测验证码是否为4位
if(!vcode.match('^\\w{4}$')) {
    $('#form-vcode').css('border', 'solid red');
    $('#form-vcode').val('');
    $('#form-vcode').attr('placeholder', '验证码长度为4位');
    return false;
}else {
    $('#form-vcode').css('border', '');
}
// 使用Ajax 异步方式提交数据
$.ajax({
    url: '/auth/signup',     // 提交的URL
    type: 'post',            // 类型为Post
    data: {                  // 设置提交的数据
        username: username,  // 用户名
        password: password,  // 密码
        vcode: vcode,        // 验证码
        sign: loginSign      // 注册标识
    },
    dataType: 'json',        // 数据类型
    success: function (res) { // 回调函数
        if(res.status === 200 && res.data) {  // 如果返回码是200 并且包含返回数据
            window.location.href = getQueryString('next') || '/' +
                encodeURI('?m=登录成功&e=success');  // 跳转到首页
        }else if(res.status === 100001) {  // 验证码错误或超时
            $('#form-vcode').css('border', 'solid red');
            $('#form-vcode').val('');
            $('#form-vcode').attr('placeholder', res.message);
        }else if(res.status === 100004) {  // 用户名已存在
            $('#form-username').css('border', 'solid red');
            $('#form-username').val('')
            $('#form-username').attr('placeholder', res.message);
        }else if(res.status === 100005) { // 用户创建失败
            $('.registration-form').prepend("<div id='regMessage'
                class='alert alert-danger'>注册失败</div>");
            setTimeout(function () {
                $('.registration-form').find('#regMessage').remove();//移除错误信息
            }, 1500);
        }
    }
})
});
```

在上述代码中，首先对 Form 表单中的用户名、密码和验证码进行验证。验证通过后，使用 Ajax 异步提交到 "/auth/signup" 路由，该路由对应 SignupHandler 类。在前面已经介绍过 SignupHandler 类，这里不再赘述。注册页面效果如图 7-17 所示。

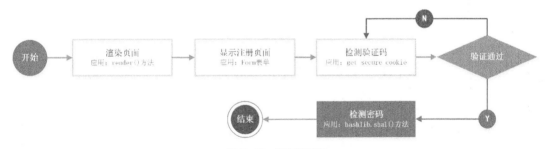

图 7-17　注册页面

7.6.2　实现登录功能

登录功能和注册功能共享一个页面，登录的 GET 请求用于渲染登录页面。而 POST 请求首先对用户提交的图形验证码进行校验，如果校验通过，则查询用户名是否存在，如果存在，则校验用户的密码的 md5 值和数据库中的是否相符。校验成功，则设置 cookie，否则返回错误信息。用户登录流程如图 7-18 所示。

图 7-18　登录流程图

实现登录功能的关键代码如下。

```
<代码位置：Code\BBS\handlers\auth_handlers.py>
class LoginHandler(BaseHandler):
    """登录控制器"""
    @gen.coroutine
    def get(self, *args, **kwargs):   # 渲染页面
        self.render('login.html')


    @gen.coroutine
    def post(self, *args, **kwargs):   # 提交登录数据
        sign = self.get_argument('sign', '')          # 接收验证码标识参数
```

```python
        vcode = self.get_argument('vcode', '')              # 接收验证码参数
        username = self.get_argument('username', '')        # 接收用户名参数
        password = self.get_argument('password', '')        # 接收密码参数
        # 检测验证码是否正确
        if self.get_secure_cookie(sign).decode('utf-8') != vcode:  # 如果验证码错误
            self.json_response(*LOGIN_VCODE_ERR)             # 返回json格式的错误提示
            raise gen.Return()

        data = yield get_user_by_username(username)          # 根据用户名获取数据
        if not data:                                         # 如果用户名不存在
            self.json_response(*USERNAME_ERR)                # 提示错误信息
            raise gen.Return()
        # 检测密码是否正确
        if data.get('password') != hashlib.sha1(password.encode('utf-8')).hexdigest():
            self.json_response(*PASSWORD_ERR)   # 返回json格式错误信息
            raise gen.Return()

        self.set_secure_cookie('auth-user', data.get('username', ''))    # 设置Cookie
        # 设置过期时间为30天
        self.set_cookie('username', data.get('username', ''), expires_days=30)
        self.json_response(200, 'OK', {})
```

当用户输入用户名、密码和验证码后,单击登录按钮。如果密码错误,则运行效果如图 7-19 所示。如果验证码错误,则运行效果如图 7-20 所示。如果填写信息全部正确,则进入首页。

图 7-19 密码错误　　　　　　　　　图 7-20 验证码错误

7.6.3 实现用户注销功能

用户注销功能十分简单,清除设置的安全 cookie,然后重定向页面即可,重定向的页面必须是用户当前所在的页面。实现方法是,让前端获取当前页面的 URL,然后作为注销功能的一个参数传进来,在清除 Cookie 之后,直接调用 tornado.web.RequestHandler 的 redirect 方法即可。实现代码如下。

```
<代码位置: Code\BBS\handlers\auth_handlers.py>
class LogoutHandler(BaseHandler):
    """
    注销控制器
```

```
"""
@gen.coroutine
def get(self, *args, **kwargs):
    next = self.get_argument('next', '')       # 获取next参数
    self.clear_cookie('auth-user')              # 删除auth_user的Cookie值
    self.clear_cookie('username')               # 删除username的Cookie值
    next = next + '?' + parse.urlencode({'m': '注销成功', 'e': 'success'})  # 拼接URL参数
    self.redirect(next)    # 跳转到注销页面
```

单击底部导航的"用户名"时,弹出注销账户的对话框,如图 7-21 所示。单击"注销"按钮,则退出网站。

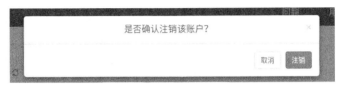

图 7-21 注销账户模态框

7.7 问题模块设计

7.7.1 实现问题列表功能

首页问题列表的实现是基于 Ajax 异步刷新的,首先进入首页会渲染所有标签,默认会根据第一个标签请求接口获得问题数据。当用户单击某一个标签时,问题会随之刷新。每次刷新出来的列表会带有分页数据。首页代码如下。

```
<代码位置: Code\BBS\handlers\index_handlers.py >
class IndexHandler(BaseHandler):
    """
    首页控制器
    """
    @gen.coroutine
    def get(self, *args, **kwargs):        # 渲染页面
        tags = yield get_all_tags()         # 获取所有tag 信息
        self.render('index.html', data={'tags': tags})
```

首页问题列表是通过 QuestionListHandler 来获取的,其代码如下。

```
<代码位置: Code\BBS\handlers\question_handlers.py >
class QuestionListHandler(BaseHandler):
    """
    问题列表控制器
    """
    @gen.coroutine
    def get(self, *args, **kwargs):   # 渲染问题列表
        last_qid = self.get_argument('lqid', None)    # 接收lqid参数,默认为None
        pre = self.get_argument('pre', 0)  # 接收pre参数,默认为0
        if last_qid:  # 如果last_qid存在
            try:
                last_qid = int(last_qid)  # 将其转化为整型
            except Exception:   # 异常处理,返回json 数据
```

```python
            self.json_response(200, 'OK', {
                'question_list': [],
                'last_qid': None
            })
        pre = True if pre == '1' else False  # 将pre转化为布尔型
        #获取问题列表
        data = yield get_paged_questions(page_count=15, last_qid=last_qid, pre=pre)
        # 判断data是否存在,并获取数据赋值给lqid
        lqid = data[-1].get('qid') if data else None
        # 返回json数据
        self.json_response(200, 'OK', {
            'question_list': data,
            'last_qid': lqid,
        })
```

运行结果如图 7-22 所示。

图 7-22　首页问题列表效果图

7.7.2　实现问题详情功能

用户单击某一个问题时,页面会跳转到问题详情页面,问题详情页面包括问题的详细内容,并且在页面下方会有该问题的所有回复,问题回复列表是以 Ajax 无刷新的请求完成的。问题详情代码如下。

```
<代码位置: Code\BBS\handlers\question_handlers.py >
class QuestionDetailHandler(BaseHandler):
    """
    问题详情控制器
    """
    @gen.coroutine
    def get(self, qid, *args, **kwargs):              # 渲染数据
        user = self.current_user                      # 获取当前用户信息
        try:
            qid = int(qid)                            # 将qid转化为整型
        except Exception as e:                        # 异常处理并返回
            self.json_response(*PARAMETER_ERR)
```

```
            raise gen.Return()
        if user:  # 如果用户信息存在
            yield check_user_has_read(user, qid)    # 获取未读信息

        data = yield get_question_by_qid(qid)       # 获取问题详情
        self.render('question_detail.html', data={'question': data})  # 渲染页面
```

单击问题列表中的某个标题,即可查看该问题的详情,如图7-23所示。

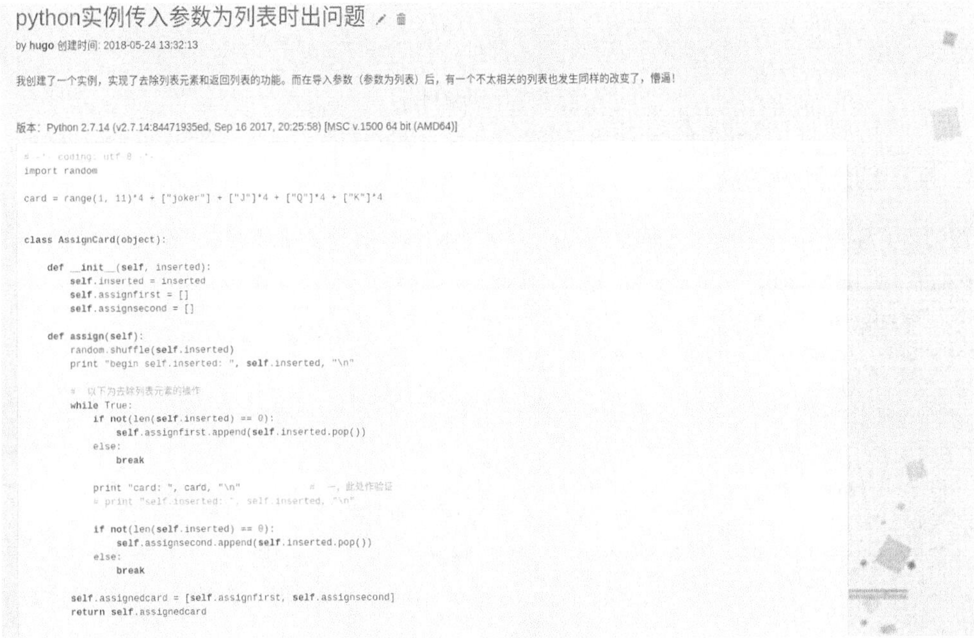

图 7-23　问题详情

问题详情下方是调用接口刷新出来的回复列表。实现代码如下。

```
<代码位置: Code\BBS\handlers\answer_handlers.py >
class AnswerListHandler(BaseHandler):
    """
    答案列表控制器
    """
    @gen.coroutine
    def get(self, qid, *args, **kwargs):        # 渲染数据
        try:
            qid = int(qid)                       # 将qid转化为整型
        except Exception as e:                   # 异常处理
            self.json_response(*PARAMETER_ERR)
            raise gen.Return()
        data = yield get_answers(qid)            # 获取答案列表
        yield check_answers(qid)                 # 更新未读答案
        # 返回Json格式数据
        self.json_response(200, 'OK', {
            'answer_list': data,
        })
```

运行效果如图7-24所示。

图 7-24 回复列表

7.7.3 实现创建问题功能

创建问题前端提供了一个基于 Simditor 的开源富文本编辑器，这个富文本编辑器非常轻量级，适用于 tornado 框架，创建问题的过程非常简单。实现代码如下。

```python
<代码位置: Code\BBS\handlers\question_handlers.py >
class QuestionCreateHandler(BaseHandler):
    """
    创建问题控制器
    """
    @login_required
    @gen.coroutine
    def get(self, *args, **kwargs):                          # 渲染页面
        tags = yield get_all_tags()                          # 获取所有tag信息
        self.render('question_create.html', data={'tags': tags})  # 渲染模板

    @login_required
    @gen.coroutine
    def post(self, *args, **kwargs):                         # 提交数据
        tag_id = self.get_argument('tag_id', '')             # 接收tag参数
        abstract = self.get_argument('abstract', '')         # 接收abstract参数
        content = self.get_argument('content', '')           # 接收content参数
        user = self.current_user                             # 获取当前用户信息

        try:
            tag_id = int(tag_id)                             # 将tag_id转化为整型
        except Exception as e:                               # 异常处理并返回
            self.json_response(*PARAMETER_ERR)
            raise gen.Return()
        # 创建所有问题列表
        data, qid = yield create_question(tag_id, user, abstract, content)
        if not data:                                         # 如果问题列表不存在
            self.json_response(*CREATE_ERR)                  # 返回Json数据，并提示创建失败
            raise gen.Return()
        # 返回Json数据
        self.json_response(200, 'OK', {'qid': qid})
```

运行效果如图 7-25 所示。

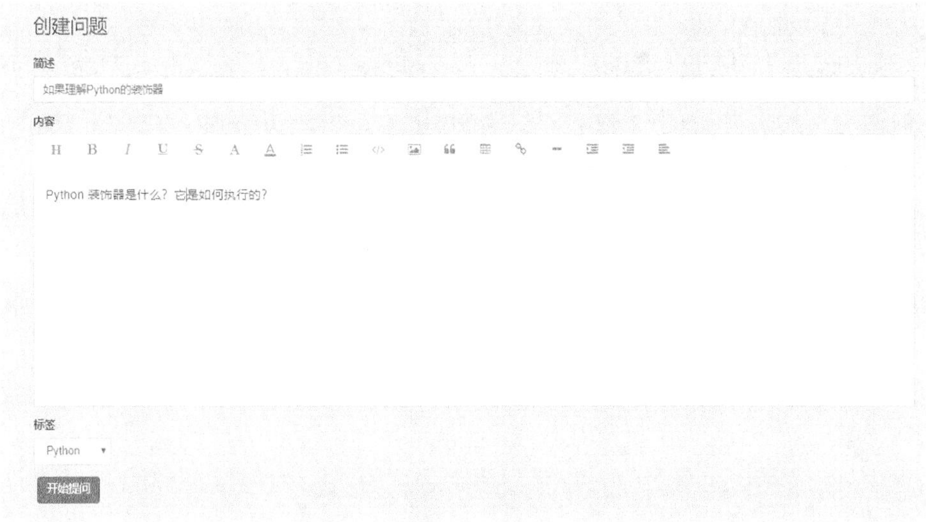

图 7-25 创建问题

在创建问题时,也可以使用上传图片功能。此时,需要将图片上传到后端服务器,上传图片的代码如下。

<代码位置: Code\BBS\handlers\question_handlers.py >

```python
class QuestionUploadPicHandler(BaseHandler):
    """
    上传图片控制器
    """
    @login_required
    @gen.coroutine
    def get(self, *args, **kwargs):                        # 渲染页面
        self.json_response(200, 'OK', {})


    @login_required
    @gen.coroutine
    def post(self, *args, **kwargs):                       # 提交图片数据
        pics = self.request.files.get('pic', None)         # 获取pic参数
        urls = []
        if not pics:  # 如果pic参数不存在,则提示错误信息并返回
            self.json_response(*PARAMETER_ERR)
            raise gen.Return()
        folder_name = time.strftime('%Y%m%d', time.localtime())  # 使用文件名
        folder = os.path.join(DEFAULT_UPLOAD_PATH, folder_name)  # 拼接文件目录
        if not os.path.exists(folder):                     # 如果目录不存在
            os.mkdir(folder)                               # 创建目录
        for p in pics:                                     # 遍历图片
            file_name = str(uuid.uuid4()) + p['filename']  # 拼接文件名
            with open(os.path.join(folder, file_name), 'wb+') as f:  # 以二进制方式打开文件
                f.write(p['body'])                         # 写入文件,即保存图片
            web_pic_path = 'pics/' + folder_name + '/' + file_name   # 拼接路径
            urls.append(os.path.join(DOMAIN, web_pic_path))          # 追加到列表
        # 返回Json格式数据
        self.write(json.dumps({
            'success': True,
```

```
            'msg': 'OK',
            'file_path': urls
        }))
```

单击富文本编辑器的"上传图片"图标,选择"上传图片",选择一张图片上传,运行效果如图 7-26 所示。单击"开始提问"按钮,运行结果如图 7-27 所示。

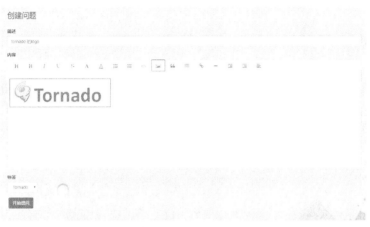

图 7-26 上传图片

图 7-27 提交问题

7.8 答案长轮询设计

答案长轮询设计

创建答案的过程和创建问题大同小异。下面重点介绍如何在创建答案之后,提问者能立刻看到答案消息提示。首先创建答案功能不再赘述,代码如下。

```
<代码位置:Code\BBS\handlers\answer_handlers.py >
class AnswerCreateHandler(BaseHandler):
    """
    创建答案控制器
    """
    def initialize(self):                       # 初始化redis数据库
        self.redis = redis_connect()            # 配置redis
        self.redis.connect()                    # 连接redis


    @gen.coroutine
    @login_required
    def post(self, *args, **kwargs):                        # 提交数据
        qid = self.get_argument('qid', '')                  # 获取qid参数,默认为空
        content = self.get_argument('content', '')          # 获取content参数,默认为空
        user = self.current_user  # 将当前用户信息赋值给user变量
```

```python
try:
    qid = int(qid)                                          # 将qid转化为整型
except Exception as e:                                      # 异常处理
    self.json_response(*PARAMETER_ERR)
    raise gen.Return()
if not user:  # 如果用户不存在，则返回错误信息
    self.json_response(*USER_HAS_NOT_VALIDATE)
    raise gen.Return()
data = yield create_answer(qid, user, content)  # 创建答案
answer_status = yield get_answer_status(user)   # 获取答案状态

if not data:  # 如果创建答案不存在，则提示创建失败
    self.json_response(*CREATE_ERR)
    raise gen.Return()
yield gen.Task(self.redis.publish, ANSWER_STATUS_CHANNEL,
               json.dumps(answer_status, cls=JsonEncoder))   # 更新到channel
self.json_response(200, 'OK', {})  # 返回Json数据
```

在上述代码中，调用了 gen_Task() 方法，代码如下。

```python
yield gen.Task(self.redis.publish, ANSWER_STATUS_CHANNEL, json.dumps(answer_status, cls=JsonEncoder))
```

该方法会利用 Tornado-Redis（Redis 异步客户端）写入一个 CHANNEL，并将答案的状态写入 Redis，而提问者的客户端会做一个长轮询来监测是否有人回答了问题，并在接收到 Redis 中的回调之后，立刻在客户端做出响应。实现代码如下。

<代码位置：Code\BBS\handlers\answer_handlers.py >

```python
class AnswerStatusHandler(BaseHandler):
    """
    答案状态长轮询控制器
    """
    def initialize(self):                          # 初始化redis数据库
        self.redis = redis_connect()
        self.redis.connect()

    @web.asynchronous
    def get(self, *args, **kwargs):                # 请求到来订阅到redis
        if self.request.connection.stream.closed():
            raise gen.Return()
        self.register()                            # 注册回调函数

    @gen.engine
    def register(self):                            # 订阅消息
        yield gen.Task(self.redis.subscribe, ANSWER_STATUS_CHANNEL)
        self.redis.listen(self.on_response)

    def on_response(self, data):                   # 响应到来返回数据
        if data.kind == 'message':                 # 类型为消息
            try:
                self.write(data.body)
                self.finish()
            except Exception as e:
                pass
```

```
    elif data.kind == 'unsubscribe':          # 类型为取消订阅
        self.redis.disconnect()

def on_connection_close(self):                # 关闭连接
    self.finish()
```

上述代码编写了一个注册函数,订阅了一个 Redis 的通道,并且服务器与客户端建立了一个较长时间的连接。这个通道用来接收上一段代码中创建问题之后写入通道的数据,如果数据写入了通道,服务器根据绑定的回调函数立即做出响应,而这个响应的回调函数就是 on_response。这样,就已经完成了一个长轮询的机制。

当用户的提问得到回复时,在顶部导航栏用户名右侧,会出现一个数字图标,运行效果如图 7-28 所示。

图 7-28 用户立刻得到其他用户编写的回复

小　结

本项目使用 Python 的 Tornado 框架实现了 BBS 社区的用户注册、用户提问、用户回复、用户排行等功能。Tornado 的多进程加协程可以完美地应对大多数场合的高并发问题。而且 Tornado 对高 IO 环境的场景具有得天独厚的优势,所以应用越来越广泛。希望读者通过本章的学习,可以掌握 Tornado 框架的基本使用,了解 Tornado 的精髓。

习　题

7-1　简述什么是短轮询和长轮询,以及它们的应用场景。

7-2　如何通过命令行参数执行不同的操作?

第8章

案例6：基于Django的智慧校园考试系统

智慧校园是指以互联网为基础的智慧化的校园工作、学习和生活一体化环境，这个一体化环境以各种应用服务系统为载体，将教学、科研、管理和校园生活进行充分融合。在智慧校园体系中，测评系统则是一个不可或缺的重要环节。使用测评系统，通过简单配置，即可创建出一份考试考卷，考生可以在计算机上进行测评或者练习。本章将使用 Django 框架开发一个智慧校园考试系统，并介绍相关开发细节。

本章要点

- 使用PyMySQL驱动MySQL
- 使用ORM操作数据库
- 使用Django授权机制实现登录
- 使用xlrd读取Excel
- 使用Bootstrap 前端框架
- 使用setInterval实现答题计时

8.1 需求分析

智慧校园考试系统需要具备如下功能。

项目配置使用说明　　需求分析

- 用户管理功能，包括用户注册、登录和退出等功能。
- 邮件激活功能，用户注册完成后，需要登录邮箱激活。
- 分类功能，用户选择某类知识进行答题。
- 机构注册功能，允许机构用户注册，注册成功后可自主出题。
- 快速出题功能，机构用户可下载题库模板，根据模板创建题目，上传题库。
- 配置考试功能，机构用户可以配置考试信息，如设置考试题目、时间等内容。
- 答题功能，用户参与考试后，可以选择上一题和下一题。
- 评分功能，用户答完所有题目后，显示考试结果。
- 排行榜功能，用户可以通过排行榜，查看考试成绩。

8.2 系统设计

8.2.1 系统功能结构

智慧校园考试系统功能结构如图8-1所示。

系统设计

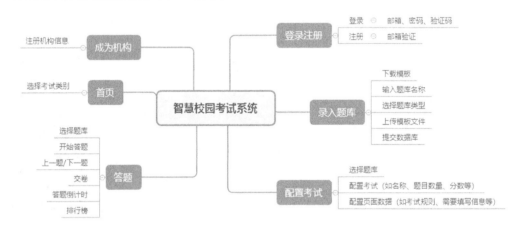

图8-1　智慧校园考试系统功能结构

8.2.2 系统业务流程

智慧校园考试系统业务流程如图8-2所示。

8.2.3 系统预览

智慧校园考试系统是一个答题出题一站式管理平台，该系统包含很多页面，下面展示几个比较重要的页面。

智慧校园考试系统首页如图8-3所示。

智慧校园考试系统考试列表页面效果如图8-4所示。

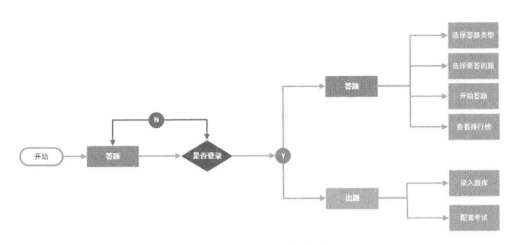

图 8-2　智慧校园考试系统业务流程

图 8-3　智慧校园考试系统首页

图 8-4　考试列表页面

智慧校园考试系统答题页面效果如图 8-5 所示。

图 8-5 答题页面

8.3 系统开发必备

系统开发必备

8.3.1 系统开发环境

本系统的开发软件及运行环境如下。
- 操作系统：Windows 7 及以上或者 Ubuntu。
- 虚拟环境：virtualenv 或者 Anaconda。
- 数据库和驱动：MySQL + PyMySQL、Redis。
- 开发工具：PyCharm。
- 开发框架：Django 2.1 + Bootstrap + jQuery。
- 浏览器：Chrome 浏览器。

8.3.2 文件夹组织结构

智慧校园考试系统文件夹组织结构如图 8-6 所示。
图 8-6 列出了智慧校园考试系统的项目目录结构，该结构中的文件夹及文件的作用分别如下。
- account：配置用户属性和用户信息数据的 App，其中视图包含登录视图和首页渲染视图。
- api：RESTfull API 的接口路由包，不包含视图。
- business：机构账户应用配置和固定的额外配置数据 App，包含机构数据渲染的视图。
- collect_static：Django 的 STATIC_ROOT 目录，用来配置 nginx 路由的目录。
- competition：核心考试功能 App，包含考试数据渲染和答题信息、录入题库等接口视图。
- config：项目配置文件目录，包含公共配置文件、本地配置文件和数据库配置文件等。

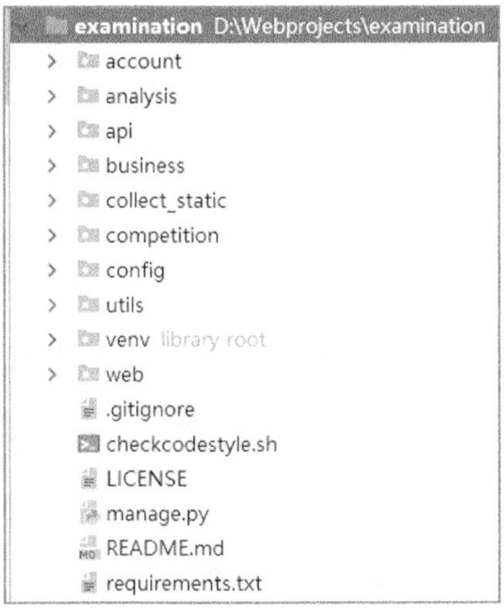

图 8-6 文件夹组织结构

- utils：包含封装后的 MySQl 模块、扩展的 Redis 接口、装饰器、封装的响应类、中间件、题库上传工具和错误码等工具。
- venv：virtualenv 项目虚拟环境包。
- web：项目前端代码。
- .gitignore、README.md、LICENSE：项目代码版本控制的配置文件。
- checkcodestyle.sh：shell 下检查代码 pep8 规范和执行 isort.py 工具的脚本。
- requirements.txt：依赖包文件。
- manage.py：Django 命令入口。

智慧校园考试系统使用 Django 框架进行开发，该框架中的 manage.py 提供了众多管理命令接口，方便执行数据库迁移和静态资源收集等工作，本项目中使用的主要命令如下。

```
python manage.py makemigrations        # 生成数据库迁移脚本
python manage.py migrate               # 根据makemigrations命令生成的脚本，创建或修改数据库表结构
python manage.py migrate migrate_name  # 回滚到指定迁移版本
python manage.py collectstatic         # 生成静态资源目录，根据settings.py中的STATIC_ROOT设置
python manage.py shell                 # 打开Django解释器，可以引入项目包
python manage.py dbshell               # 打开Django数据库连接，可以执行原生SQL命令
python manage.py startproject          # 创建一个Django项目
python manage.py startapp              # 创建一个App
python manage.py createsuperuser       # 创建一个管理员超级用户，使用django.contrib.auth认证
python manage.py runserver             # 运行开发服务器
```

8.4 技术准备

8.4.1 文件上传

当 Django 处理上传一个文件时，文件数据被放在 request.FILES 中。视图将在 request.FILES 中接收文件数据，因为 Request.FILES 是一个字典，它对每个 FileField（或者 ImageField，或者其他 FileField 的子类）都包含一个 key。所以从表单来的数据可以通过 request.FILES.get("key")或者 request.FILES['key']键访问。

以 Django 上传 Excel 文件为例，关键步骤如下。

（1）创建 Form 表单。通常使用 POST 方式提交上传文件，示例代码如下。

```html
<form method="post" action="" enctype="multipart/form-data" >
   {% csrf_token %}
   <input type="file" name="template" />
   <input type="submit" value="提交"/>
</form>
```

在上传文件时，需要将 Form 表单的 enctype 属性值设置为 multipart/form-data，request.FILES 中才包含文件数据，否则 request.FILES 为空。

（2）创建视图函数。在视图函数中，需要设置文件上传路径，判断上传文件后缀是否为 xls 或者 xlsx。然后，读取文件内容，最后将其写入指定的路径。关键代码如下。

```python
def upload_bank(request):
    """
    上传文件
    """
    template = request.FILES.get('template', None)          # 获取模板文件
    if not template:                                         # 模板文件不存在
        return render(request, 'err.html', FileNotFound)
    if template.name.split('.')[-1] not in ['xls', 'xlsx']:  # 模板格式为xls或者xlsx
        return render(request, 'err.html', FileTypeError)
    if not os.path.exists(settings.BANK_REPO):
        os.mkdir(settings.BANK_REPO)                         # 不存在该目录则创建
    final_path = settings.BANK_REPO + '.xlsx'                # 生成文件名
    with open(final_path, 'wb+') as f:                       # 保存到目录
        f.write(template.read())
```

8.4.2 使用 xlrd 读取 Excel

使用 xlrd 能够很方便地读取 Excel 文件内容，而且这是个跨平台的库，能够在 Windows/Linux/UNIX 等平台上使用。

使用 xlrd 读取 Excel

1. 安装 xlrd

使用 pip 安装 xlrd 非常简单，命令如下。

```
pip install xlrd
```

2. 基本使用

xlrd 模块的 API 非常语言化，常用的 API 如下。

```python
data = xlrd.open_workbook('excelFile.xls')    # 打开一个Excel文件
# 获取工作表相关
table = data.sheets()[0]                       #通过索引获取
table = data.sheet_by_index(0)                 #通过索引获取
table = data.sheet_by_name(u'Sheet1')          #通过名称获取
# 获取整行和整列的值（数组）
table.row_values(i)
table.col_values(i)
```

```
# 行数和列数
nrows = table.nrows
ncols = table.ncols
# 行列表数据
for i in range(nrows ):
     print table.row_values(i)
# 单元格相关
cell_A1 = table.cell(0,0).value
cell_C4 = table.cell(2,3).value
# 使用行列索引
cell_A1 = table.row(0)[0].value
cell_A2 = table.col(1)[0].value
```

下面通过一个例子来学习如何从 Excel 表格中读取数据。

现有一个名为 myfile.xlsx 的 Excel 表，该表包含一个“学生信息表”sheet ，如图 8-7 所示。使用 xlrd 读取 Excel 表中的数据，代码如下。

```
import xlrd
book = xlrd.open_workbook("myfile.xlsx")
print("一共有{}个worksheets".format(book.nsheets))
print("worksheet的名字是：{}".format(book.sheet_names()))
sh = book.sheet_by_index(0)
print("{0} 有{1}行{2}列".format(sh.name, sh.nrows, sh.ncols))
for rx in range(1,sh.nrows):
    name = sh.row(rx)[0].value
    age  = int(sh.row(rx)[1].value)
    print("姓名：{} 年龄：{}".format(name,age))
```

运行结果如图 8-8 所示。

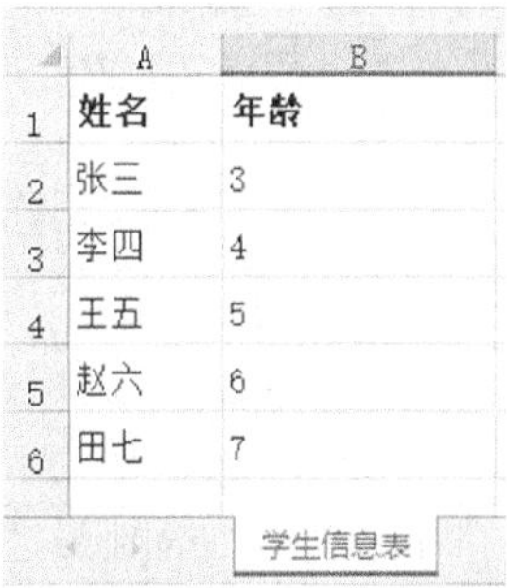

	A	B
1	姓名	年龄
2	张三	3
3	李四	4
4	王五	5
5	赵六	6
6	田七	7

图 8-7 学生信息表数据

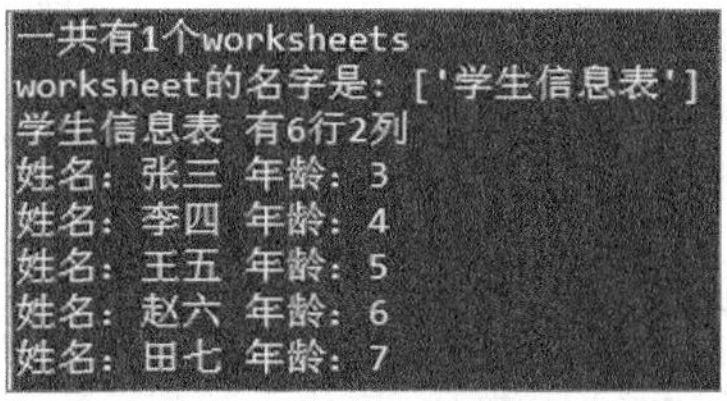

图 8-8 读取的数据

8.5 数据库设计

数据库设计

8.5.1 数据库概要说明

智慧校园考试系统使用 MySQL 数据库来存储数据，数据库名为 exam，共包含 22 张数据表，其数据库表结构如图 8-9 所示。

exam 数据库中的数据表对应的中文表名及主要作用如表 8-1 所示。

```
account_profile
account_userinfo
auth_group
auth_group_permissions
auth_permission
auth_user
auth_user_groups
auth_user_user_permissions
business_appconfiginfo
business_businessaccountinfo
business_businessappinfo
business_userinfoimage
business_userinforegex
competition_bankinfo
competition_choiceinfo
competition_competitionkindinfo
competition_competitionqainfo
competition_fillinblankinfo
django_admin_log
django_content_type
django_migrations
django_session
```

图 8-9 数据库表结构

表 8-1 exam 数据库中的数据表及作用

英文表名	中文表名	作用
account_profile	用户信息表	保存授权后的账户信息
account_userinfo	用户填写信息表	保存用户填写的表单信息
auth_group	授权组表	Django 默认的授权组
auth_group_permissions	授权组权限表	Django 默认的授权组权限信息
auth_permission	授权权限表	Django 默认的权限信息
auth_user	授权用户表	Django 默认的用户授权信息
auth_user_groups	授权用户组表	Django 默认的用户组信息
auth_user_user_permissions	授权用户权限表	Django 默认的用户权限信息
business_appconfiginfo	机构 App 配置表	保存机构 App 配置信息
business_businessaccountinfo	机构账户表	保存机构账户信息
business_businessappinfo	机构 App 表	保存机构 App 信息，与配置信息关联
business_userinfoimage	表单图片链接表	保存每个表单字段的图片链接
business_userinforegex	表单验证正则表	保存每个表单字段的正则表达式信息
competition_bankinfo	题库信息表	保存题库信息
competition_choiceinfo	选择题表	保存选择题信息
competition_competitionkindinfo	考试信息表	保存考试信息和考试配置信息
competition_competitionqainfo	答题记录表	保存答题记录
competition_fillinblankinfo	填空题表	保存填空题信息
django_admin_log	Django 日志表	保存 Django 管理员登录日志
django_content_type	Django contenttype 表	保存 Django 默认的 content type
django_migrations	Django 迁移表	保存 Django 的数据库迁移记录
django_session	Django session 表	保存 Django 默认的授权等 session 记录

8.5.2 数据表模型

Django 框架自带的 ORM 可以满足绝大多数数据库开发的需求，在没有达到一定的数量级时，用户完全不需要担心 ORM 为项目带来的瓶颈。下面是智慧校园考试系统使用 ORM 来管理一个考试信息的数据模型，关键代码如下。

```
<代码位置：Code\Exam\competition\models.py>
class CompetitionKindInfo(CreateUpdateMixin):
    """考试类别信息类"""
    IT_ISSUE = 0
    EDUCATION = 1
    CULTURE = 2
    GENERAL = 3
    INTERVIEW = 4
    REAR = 5
    GEO = 6
    SPORT = 7

    KIND_TYPES = (
        (IT_ISSUE, u'技术类'),
        (EDUCATION, u'教育类'),
        (CULTURE, u'文化类'),
        (GENERAL, u'常识类'),
        (GEO, u'地理类'),
        (SPORT, u'体育类'),
        (INTERVIEW, u'面试题')
    )

    kind_id = ShortUUIDField(_(u'考试id'), max_length=32, blank=True, null=True,
                             help_text=u'考试类别唯一标识', db_index=True)
    account_id = models.CharField(_(u'出题账户id'), max_length=32, blank=True, null=True,
                             help_text=u'商家账户唯一标识', db_index=True)
    app_id = models.CharField(_(u'应用id'), max_length=32, blank=True, null=True,
                             help_text=u'应用唯一标识', db_index=True)
    bank_id = models.CharField(_(u'题库id'), max_length=32, blank=True, null=True,
                             help_text=u'题库唯一标识', db_index=True)
    kind_type = models.IntegerField(_(u'考试类型'), default=IT_ISSUE, choices=KIND_TYPES,
                             help_text=u'考试类型')
    kind_name = models.CharField(_(u'考试名称'), max_length=32, blank=True, null=True,
                             help_text=u'考试类别名称')
    sponsor_name = models.CharField(_(u'赞助商名称'), max_length=60, blank=True, null=True,
                             help_text=u'赞助商名称')
    total_score = models.IntegerField(_(u'总分数'), default=0, help_text=u'总分数')
    question_num = models.IntegerField(_(u'题目个数'), default=0, help_text=u'出题数量')
    # 周期相关
    cop_startat = models.DateTimeField(_(u'考试开始时间'), default=timezone.now,
                             help_text=_(u'考试开始时间'))
    period_time = models.IntegerField(_(u'答题时间'), default=60, help_text=u'答题时间(min)')
```

```python
    cop_finishat = models.DateTimeField(_(u'考试结束时间'), blank=True, null=True,
                                        help_text=_(u'考试结束时间'))

    # 参与相关
    total_partin_num = models.IntegerField(_(u'total_partin_num'), default=0,
                                           help_text=u'总参与人数')
    class Meta:
        verbose_name = _(u'考试类别信息')
        verbose_name_plural = _(u'考试类别信息')

    def __unicode__(self):
        return str(self.pk)

    @property
    def data(self):
        return {
            'account_id': self.account_id,
            'app_id': self.app_id,
            'kind_id': self.kind_id,
            'kind_type': self.kind_type,
            'kind_name': self.kind_name,
            'total_score': self.total_score,
            'question_num': self.question_num,
            'total_partin_num': self.total_partin_num,
            'cop_startat': self.cop_startat,
            'cop_finishat': self.cop_finishat,
            'period_time': self.period_time,
            'sponsor_name': self.sponsor_name,
        }
```

与 Competition 类相似，本项目中的其他类也继承基类 CreateUpdateMixin。在基类中主要定义一些通用的信息，关键代码如下。

```python
from django.db import models  # 基础模型
from django.utils.translation import ugettext_lazy as _   # 引入延迟加载方法，只有在视图渲染
#时，该字段才会呈现出翻译值
from TimeConvert import TimeConvert as tc

class CreateUpdateMixin(models.Model):
    """模型创建和更新时间戳Mixin"""
    status = models.BooleanField(_(u'状态'), default=True, help_text=u'状态', db_index=True)
    # 状态值，True和False
    created_at = models.DateTimeField(_(u'创建时间'), auto_now_add=True, editable=True,
help_text=_(u'创建时间'))     # 创建时间
    updated_at = models.DateTimeField(_(u'更新时间'), auto_now=True, editable=True,
help_text=_(u'更新时间'))     # 更新时间

    class Meta:
        abstract = True   # 抽象类，只用作继承用，不会生成表
```

8.6 用户登录模块设计

8.6.1 用户登录模块概述

用户登录模块主要对进入智慧校园考试系统的用户信息进行验证,本项目使用邮箱和密码的方式登录,登录流程如图 8-10 所示,登录运行效果如图 8-11 所示。

图 8-10 登录流程图

图 8-11 使用邮箱和密码方式登录

8.6.2 使用 Django 默认授权机制实现普通登录

Django 默认的用户授权机制可以提供绝大多数场景的登录功能,为了更加适应智慧校园考试系统的需求,这里对其进行简单修改。

1. 用户登录接口

在 account App 下创建一个 login_views.py 文件,用作为接口视图,在该文件中编写一个 normal_login 方法,用来实现用户正常的用户名和密码登录功能,代码如下。

```
<代码位置: Code\Exam\account\login_views.py>
@csrf_exempt
@transaction.atomic
def normal_login(request):
    """
```

```python
普通登录视图
:param request: 请求对象
:return: 返回json数据。user_info: 用户信息;has_login: 用户是否已登录
"""
email = request.POST.get('email', '')                    # 获取E-mail
password = request.POST.get('password', '')              # 获取password
sign = request.POST.get('sign', '')                      # 获取登录验证码的sign
vcode = request.POST.get('vcode', '')                    # 获取用户输入的验证码
result = get_vcode(sign)  # 从redis中校验sign和vcode
if not (result and (result.decode('utf-8') == vcode.lower())):
    return json_response(*UserError.VeriCodeError)       # 校验失败返回错误码300003
try:
    user = User.objects.get(email=email)                 # 使用E-mail获取Django用户
except User.DoesNotExist:
    return json_response(*UserError.UserNotFound)        # 获取失败返回错误码300001
user = authenticate(request, username=user.username, password=password)  # 授权校验
if user is not None:                                     # 校验成功,获得返回用户信息
    login(request, user)                                 # 登录用户,设置登录session
                                                         # 获取或创建Profile数据
    profile, created = Profile.objects.select_for_update().get_or_create(
        email=user.email,
    )
    if profile.user_src != Profile.COMPANY_USER:
        profile.name = user.username
        profile.user_src = Profile.NORMAL_USER
        profile.save()
    request.session['uid'] = profile.uid                 # 设置Profile uid的session
    request.session['username'] = profile.name           # 设置用户名的session
    set_profile(profile.data)  # 将用户信息保存到redis,用户信息从redis中查询
else:
    return json_response(*UserError.PasswordError)       # 校验失败,返回错误码300002
return json_response(200, 'OK', {                        # 返回JSON数据
    'user_info': profile.data,
    'has_login': bool(profile),
})
```

以上实现的是用户登录的接口,编写完上面的代码后,需要在 api 模块下的 urls.py 中添加路由,代码如下。

```python
path('login_normal', login_views.normal_login, name='normal_login'),
```

在 web 目录下的 base.html 文件中,定义一个使用 jQuery 实现的 Ajax 异步请求方法,用来处理用户登录的表单,代码如下。

<代码位置: Code\Exam\web\templates\base.html>

```javascript
$('#signInNormal').click(function () {    // 单击登录按钮
    refreshVcode('signin'); // 刷新验证码
    $('#signInModalNormal').modal('show'); // 显示弹窗
    $('#signInVcodeImg').click(function () {  // 单击验证码图片,刷新验证码
        refreshVcode('signin');
    });
});
$('#signInPost').click(function () {  // 单击登录按钮
    // 获取表单数据
    var email = $('#signInId').val();
```

```javascript
        var password = $('#signInPassword').val();
        var vcode = $('#signInVcode').val();
         // 验证E-mail
        if(!checkEmail(email)){
            $('#signInId').val('');
            $('#signInId').attr('placeholder', '邮件格式错误');
            $('#signInId').css('border', '1px solid red');
            return false;
        }else{
            $('#signInId').css('border', '1px solid #C1FFC1');
        }
        // 验证密码
        if(!password){
            $('#signInPassword').attr('placeholder', '请填写密码');
            $('#signInPassword').css('border', '1px solid red');
        }else{
            $('#signInPassword').css('border', '1px solid #C1FFC1');
        }
        // Ajax 异步提交
        $.ajax({
        url: '/api/login_normal', // 提交地址
        data: {  // 提交数据
            'email': email,
            'password': password,
            'sign': loginSign,
            'vcode': vcode
        },
        type: 'post', // 提交类型
        dataType: 'json', // 返回数据类型
        success: function(res){ // 回调函数
            if (res.status === 200){ // 登录成功
                $('#signInModalNormal').modal('hide'); // 隐藏弹窗
                window.location.href = '/'; // 跳转到首页
            }
            else if(res.status === 300001) {
                alert('用户名错误');
            }
            else if(res.status === 300002) {
                alert('密码错误');
            }
            else if(res.status === 300003) {
                alert('验证码错误');
            }
            else {
                alert('登录错误');
            }
        }
    })
});
```

登录使用异步方式实现，当用户单击页面上的"登录"按钮时，弹出 Bootstrap 框架的 modal 插件，用户输入邮箱账号、密码和验证码时，会根据不同的错误信息给用户友好的提示。

当前端验证全部通过时，Ajax 发起请求，后台会校验用户输入的数据是否合理有效，如果验证全部通过，将在用户单击"登录"按钮时，显示存储在 session 中的用户名。用户登录界面如图 8-12 所示。

图 8-12　用户登录窗口

 在登录过程刷新验证码，我们也提供了一个接口，本项目通过创建 utils/codegen.py/CodeGen 类，来实现验证码生成和保存到流的过程，具体代码请查看资源包中的源码文件。

2. 用户注册接口

用户注册同样是使用 Ajax 异步请求的方式，在弹出的 modal 中输入表单内容；然后通过正则表达式规则进行校验，如果校验成功，会将输入提交到后台进行校验，如果校验通过，将会返回一个新渲染的视图，并提示用户发送邮件去验证邮箱。用户注册流程如图 8-13 所示。

图 8-13　注册流程图

发送邮件同样需要通过异步请求的接口实现，用户注册的视图函数代码如下。

```
<代码位置：Code\Exam\account\login_views.py>
@csrf_exempt
@transaction.atomic
def signup(request):
    email = request.POST.get('email', '')                          # 邮箱
    password = request.POST.get('password', '')                    # 密码
    password_again = request.POST.get('password_again', '')        # 确认密码
```

```python
    vcode = request.POST.get('vcode', '')  # 注册验证码
    sign = request.POST.get('sign')  # 注册验证码检验位
    if password != password_again:  # 两次密码不一样，返回错误码300002
        return json_response(*UserError.PasswordError)
    result = get_vcode(sign)  # 校验vcode，逻辑和登录视图相同
    if not (result and (result.decode('utf-8') == vcode.lower())):
        return json_response(*UserError.VeriCodeError)
    if User.objects.filter(email__exact=email).exists():  # 检查数据库是否存在该用户
        return json_response(*UserError.UserHasExists)  # 返回错误码300004
    username = email.split('@')[0]  # 生成一个默认的用户名
    if User.objects.filter(username__exact=username).exists():
        username = email  # 默认用户名已存在，使用邮箱作为用户名
    User.objects.create_user(  # 创建用户，并设置为不可登录
        is_active=False,
        is_staff=False,
        username=username,
        email=email,
        password=password,
    )
    Profile.objects.create(  # 创建用户信息
        name=username,
        email=email
    )
    sign = str(uuid.uuid1())  # 生成邮箱验证码
    set_signcode(sign, email)  # 在redis设置30min时限的验证周期
    return json_response(200, 'OK', {  # 返回JSON数据
        'email': email,
        'sign': sign
    })
```

编写完上面的视图函数后，需要在 api 的 urls.py 中加入如下路由。

```python
path('signup', login_views.signup, name='signup'),
```

响应接口数据后，注册过程并未完成，需要用户手动触发邮箱验证。当用户单击"发送邮件"按钮时，Ajax 将会提交数据到以下接口路由，代码如下。

```python
path('sendmail', login_views.sendmail, name='sendmail'),
```

上面路由对应的视图函数为 sendmail，该函数仅仅完成了一个使用 django.core.sendmail 发送邮件的过程，其实现代码如下。

<代码位置：Code\Exam\account\login_views.py>

```python
def sendmail(request):
    to_email = request.GET.get('email', '')  # 在URL中获取的注册邮箱地址
    sign = request.GET.get('sign', '')  # 在URL中获取的sign标识
    if not get_has_sentregemail(to_email):  # 检查用户是否在同一时间多次单击发送邮件
        title = '[Quizz.cn用户激活邮件]'  # 定义邮件标题
        sender = settings.EMAIL_HOST_USER  # 获取发送邮件的邮箱地址
        # 回调函数
        url = settings.DOMAIN + '/auth/email_notify?email=' + to_email + '&sign=' + sign
        # 邮件内容
        msg = '您好，Quizz.cn管理员想邀请您激活您的账户，单击链接激活。{}'.format(url)
        # 发送邮件并获取发送结果
```

```
        ret = send_mail(title, msg, sender, [to_email], fail_silently=True)
        if not ret:
            return json_response(*UserError.UserSendEmailFailed)    # 发送出错，返回错误码
#300006
        set_has_sentregemail(to_email)    # 正常发送，设置3分钟的继续发送限制
        return json_response(200, 'OK', {})    # 返回空JSON数据
    else:
        # 如果用户同一时间多次单击发送，返回错误码300005
        return json_response(*UserError.UserHasSentEmail)
```

 在上面发送邮件的视图函数 sendmail 中添加了一个回调函数，用来检查用户是否确认邮件。回调函数是普通的视图渲染函数

在config 模块的 urls.py 中添加总的授权路由，代码如下。

```
urlpatterns += [
    path('auth/', include(('account.urls','account'), namespace='auth')),
]
```

然后在account的urls.py中添加授权回调函数的路由。

```
path('email_notify', login_render.email_notify, name='email_notify'),
```

授权回调函数 email_notify 的实现代码如下。

<代码位置：Code\Exam\account\login_render.py>

```
@transaction.atomic
def email_notify(request):
    email = request.GET.get('email', '')    # 获取要校验的邮箱
    sign = request.GET.get('sign', '')    # 获取验证码
    signcode = get_signcode(sign)    # 在redis校验邮箱
    if not signcode:
        return render(request, 'err.html', VeriCodeTimeOut)    # 校验失败，返回错误视图
    if not (email == signcode.decode('utf-8')):
        return render(request, 'err.html', VeriCodeError)    # 校验失败，返回错误视图
    try:
        user = User.objects.get(email=email)    # 获取用户
    except User.DoesNotExist:
        user = None
    if user is not None:    # 激活用户
        user.is_active = True
        user.is_staff = True
        user.save()
        login(request, user)    # 登录用户
        profile, created = Profile.objects.select_for_update().get_or_create(    # 配置用户信息
            name=user.username,
            email=user.email,
        )
        profile.user_src = Profile.NORMAL_USER    # 配置用户为普通登录用户
        profile.save()

        request.session['uid'] = profile.uid    # 配置session
```

```python
        request.session['username'] = profile.name
        return render(request, 'web/index.html', {  # 渲染视图,并返回已登录信息
            'user_info': profile.data,
            'has_login': True,
            'msg': "激活成功",
        })
    else:
        return render(request, 'err.html', VerifyFailed)  # 校验失败,返回错误视图
```

前端单击注册链接的 Ajax 请求代码如下。

<代码位置: Code\Exam\web\templates\base.html>

```javascript
$('#signUpPost').click(function () {  // 单击注册按钮
    // 获取表单数据
    var email = $('#signUpId').val();
    var password = $('#signUpPassword').val();
    var passwordAgain = $('#signUpPasswordAgain').val();
    var vcode = $('#signUpVcode').val();
    // 校验邮箱
    if(!checkEmail(email)) {
        $('#signUpId').val('');
        $('#signUpId').attr('placeholder', '邮箱格式错误');
        $('#signUpId').css('border', '1px solid red');
        return false;
    }else{
        $('#signUpId').css('border', '1px solid #C1FFC1');}
    // 检验两次密码是否一致
    if(!(password === passwordAgain)) {
        $('#signUpPasswordAgain').val('');
        $('#signUpPasswordAgain').attr('placeholder', '两次密码输入不一致');
        $('#signUpPassword').css('border', '1px solid red');
        $('#signUpPasswordAgain').css('border', '1px solid red');
        return false;
    }else{
        $('#signUpPassword').css('border', '1px solid #C1FFC1');
        $('#signUpPasswordAgain').css('border', '1px solid #C1FFC1');}
    // Ajax 异步请求
    $.ajax({
        url: '/api/signup',  // 请求URL
        type: 'post',  // 请求方式
        data: {  // 请求数据
            'email': email,
            'password': password,
            'password_again': passwordAgain,
            'sign': loginSign,
            'vcode': vcode},
        dataType: 'json',  // 返回数据类型
        success: function (res) {  // 回调函数
            if(res.status === 200) {  // 注册成功
                sign = res.data.sign;
                email = res.data.email;
```

```javascript
                // 拼接验证邮箱URL
                window.location.href = '/auth/signup_redirect?email=' + email +
                '&sign=' + sign;
            }else if(res.status === 300002) {
                alert('两次输入密码不一致');
            }else if(res.status === 300003) {
                alert('验证码错误');
            }else if(res.status === 300004) {
                alert('用户名已存在');
            }
        }
    })
});
```

发送邮件的Ajax请求代码如下。

<代码位置：Code\Exam\web\templates\web\sign_email.html>

```javascript
$('#sendMail').click(function () { // 点击发送邮件
    $('#sendMailLoading').modal('show'); // 显示弹窗
    // Ajax 异步请求
    $.ajax({
        url: '/api/sendmail', // 请求URL
        type: 'get', // 请求方式
        data: { // 请求数据
            'email': '{{ email|safe }}',
            'sign': '{{ sign|safe }}'
        },
        dataType: 'json', // 返回数据类型
        success: function (res) { // 回调函数
            if(res.status === 200) { // 请求成功
                $('#sendMailLoading').modal('hide');
                alert('发送成功，快去登录邮箱激活账户吧');
            }
            else if(res.status === 300005) {
                $('#sendMailLoading').modal('hide');
                alert('您已经发送过邮件，请稍等再试');
            }
            else if(res.status === 300006) {
                $('#sendMailLoading').modal('hide');
                alert('验证邮件发送失败！');
            }
        }
    })
});
```

修改密码和重置密码的实现方式与用户注册的实现方式类似，这里不再赘述。

用户注册页面效果如图8-14所示。

图 8-14 用户注册页面

8.6.3 实现机构注册功能

实现机构注册功能

智慧校园考试系统还提供了机构注册的功能,单击"成为机构"导航按钮时,需要根据用户的 uid 来判断用户是否注册过机构账户,如果没有注册过,则渲染一个表单,这个表单使用 Ajax 异步请求;如果注册过,则返回一个信息提示,引导用户重定向到出题页面。下面讲解其实现过程。

在 config/urls.py 中添加机构 App 的路由,代码如下。

```
path('biz/', include(('business.urls','business'), namespace='biz')),  # 机构
```

在 bisiness 下面的 urls.py 中添加渲染机构页面的路由,代码如下。

```
path('^$', biz_render.home, name='index'),
```

上面的代码中用到页面渲染视图函数,函数名称为 index,其具体实现代码如下。

```
<代码位置: Code\Exam\business\biz_render.py>
def home(request):
    uid = request.GET.get('uid', '')  # 获取uid
    try:
        profile = Profile.objects.get(uid=uid)  # 根据uid获取用户信息
    except Profile.DoesNotExist:
        profile = None  # 未获取到用户信息,profile变量置空
    types = dict(BusinessAccountInfo.TYPE_CHOICES)  # 所有的机构类型
    # 渲染视图,返回机构类型和是否存在该账户绑定过的机构账户
    return render(request, 'bussiness/index.html', {
        'types': types,
        'is_company_user': bool(profile) and (profile.user_src == Profile.COMPANY_USER)
    })

def home(request):
    uid = request.GET.get('uid', '')

    try:
        profile = Profile.objects.get(uid=uid)
    except Profile.DoesNotExist:
        profile = None
```

```
        types = dict(BusinessAccountInfo.TYPE_CHOICES)

    return render(request, 'bussiness/index.html', {
        'types': types,
        'is_company_user': bool(profile) and (profile.user_src == Profile.COMPANY_USER)
    })
```

在 web/business/index.html 页面中添加一个 Bootstrap 框架的 panel 控件，用来存放机构注册表单，代码如下。

<代码位置：Code\Exam\web\templates\bussiness\index.html>
```
<div class="panel panel-info">
    <div class="panel-heading"><h3 class="panel-title">注册成为机构</h3></div>
    <div class="panel-body">
        <form id="bizRegistry" class="form-group">
            <label for="bizEmail">邮箱</label>
            <input type="text" class="form-control" id="bizEmail"
                placeholder="填写机构邮箱" />
            <label for="bizCompanyName">名称</label>
            <input type="text" class="form-control" id="bizCompanyName"
                placeholder="填写机构名称" />
            <label for="bizCompanyType">类型</label>
            <select id="bizCompanyType" class="form-control">
                {% for k, v in types.items %}
                    <option value="{{ k }}">{{ v }}</option>
                {% endfor %}
            </select>
            <label for="bizUsername">联系人</label>
            <input type="text" class="form-control" id="bizUsername"
                placeholder="填写机构联系人" />
            <label for="bizPhone">手机号</label>
            <input type="text" class="form-control" id="bizPhone"
                placeholder="填写联系人手机" />
            <input type="submit" id="bizSubmit" class="btn btn-primary"
                value="注册机构" style="float: right;margin-top: 20px" />
        </form>
    </div>
</div>
```

在 JavaScript 脚本中添加申请成为机构的请求方法，代码如下。

<代码位置：Code\Exam\web\templates\bussiness\index.html>
```
$('#bizSubmit').click(function () { // 单击注册机构
    // 获取表单信息
    var email = $('#bizEmail').val();
    var name = $('#bizCompanyName').val();
    var type = $('#bizCompanyType').val();
    var username = $('#bizUsername').val();
    var phone = $('#bizPhone').val();
    // 正则表达式验证邮箱
    if(!email.match('^\\w+([-+.]\\w+)*@\\w+([-.]\\w+)*\\.\\w+([-.]\\w+)*$')) {
        $('#bizEmail').val('');
        $('#bizEmail').attr('placeholder', '邮箱格式错误');
        $('#bizEmail').css('border', '1px solid red');
        return false;
    }else{
```

```javascript
        $('#bizEmail').css('border', '1px solid #C1FFC1');
    }
    // 正则表达式验证机构名称
    if(!(name.match('^[a-zA-Z0-9_\\u4e00-\\u9fa5]{4,20}$'))) {
        $('#bizCompanyName').val('');
        $('#bizCompanyName').attr('placeholder','请填写由4~20个中文、字母、数字或者下画线组成的机构名称');
        $('#bizCompanyName').css('border', '1px solid red');
        return false;
    }else{
        $('#bizCompanyName').css('border', '1px solid #C1FFC1');
    }
    // 正则表达式验证用户名
    if(!(username.match('^[\u4E00-\u9FA5A-Za-z]+$'))){
        $('#bizUsername').val('');
        $('#bizUsername').attr('placeholder', '联系人姓名应该为汉字或大小写字母');
        $('#bizUsername').css('border', '1px solid red');
        return false;
    }else{
        $('#bizUsername').css('border', '1px solid #C1FFC1');
    }
    // 正则表达式验证手机
    if(!(phone.match('^1[3|4|5|8][0-9]\\d{4,8}$'))){
        $('#bizPhone').val('');
        $('#bizPhone').attr('placeholder', '手机号不符合规则');
        $('#bizPhone').css('border', '1px solid red');
        return false;
    }else{
        $('#bizPhone').css('border', '1px solid #C1FFC1');
    }
    // Ajax 异步请求
    $.ajax({
        url: '/api/checkbiz', // 请求URL
        type: 'get', // 请求方式
        data: { // 请求数据
            'email': email
        },
        dataType: 'json', // 返回数据类型
        success: function (res) { // 回调函数
            if(res.status === 200) { // 注册成功
                if(res.data.bizaccountexists) {
                    alert('您的账户已存在，请直接登录');
                    window.location.href = '/';
                }
                else if(res.data.userexists && !res.data.bizaccountexists) {
                    if(confirm('您的邮箱已被注册为普通用户，我们将会为您绑定该用户。')){
                        bizPost(email, name, type, username, phone, 1);
                        window.location.href = '/biz/notify?email=' + email + '&bind=1';
                    }else {
                        window.location.href = '/{% if request.session.uid %} ?uid={{ request.session.uid }}{% else %}{% endif %}';
                    }
```

```
                }
                else{
                    bizPost(email, name, type, username, phone, 2);
                    window.location.href = '/biz/notify?email=' + email;
                }
            }
        }
    });
    // 验证邮箱方法
    function bizPost(email, name, type, username, phone, flag) {
        // Ajax 异步请求
        $.ajax({
            url: '/api/regbiz', // 请求URL
            data: { // 请求数据
                'email': email,
                'name': name,
                'type': type,
                'username': username,
                'phone': phone,
                'flag': flag
            },
            type: 'post', // 请求类型
            dataType: 'json' // 返回数据类型
        })
    }
});
```

单击"注册"按钮时,首先验证表单是否符合正则表达式,当这些验证都通过时,先请求一个/api/check_biz接口,这个方法对应的路由和接口函数如下。

```
<代码位置:  Code\Exam\bussiness\biz_views.py>
def check_biz(request):
    email = request.GET.get('email', '')  # 获取邮箱
    try:  # 检查数据库中是否有该邮箱注册过的数据
        biz = BusinessAccountInfo.objects.get(email=email)
    except BusinessAccountInfo.DoesNotExist:
        biz = None
    return json_response(200, 'OK', {  # 返回是否已经被注册过和是否已经有此用户
        'userexists': User.objects.filter(email=email).exists(),
        'bizaccountexists': bool(biz)
    })
```

上面的接口用来检查用户填写的邮箱是否存在登录账户和机构账户,这里的实现是:如果用户登录账户存在,但是机构账户不存在,那么会提示用户绑定已有账户,注册成为机构账户;如果用户账户不存在,并且机构账户也不存在,则会在请求下一个接口中,为该邮箱创建一个未激活的登录账户和一个机构账户,所以该用户务必要走第3个步骤,就是去自己的邮箱验证该账户并激活。

那么如果是上面说的第一种情况,就没必要再次验证邮箱了。

而如果是第二种情况,也就是用户既没有注册为登录用户,也没有注册机构账户,用户会将表单信息提交到/api/regbiz 接口,因此,首先在 api 模块的 urls.py 中添加路由,代码如下。

```
# bussiness
urlpatterns += [
```

```python
    path('regbiz', biz_views.registry_biz, name='registry_biz'),
    path('checkbiz', biz_views.check_biz, name='check_biz'),
]
```
然后在 business 的 biz_views.py 中添加如下方法。

<代码位置: Code\Exam\bussiness\biz_views.py>

```python
@csrf_exempt
@transaction.atomic
def registry_biz(request):
    email = request.POST.get('email', '')          # 获取填写的邮箱
    name = request.POST.get('name', '')            # 获取填写的机构名
    username = request.POST.get('username', '')    # 获取填写的机构联系人
    phone = request.POST.get('phone', '')          # 获取填写的手机号
    ctype = request.POST.get('type', BusinessAccountInfo.INTERNET)  # 获取机构类型
    # 获取一个标记位,代表用户是创建新用户还是使用绑定老用户的方式
    flag = int(request.POST.get('flag', 2))
    uname = email.split('@')[0]  # 和之前的注册逻辑没什么区别,创建一个用户名
    if not User.objects.filter(username__exact=name).exists():
        final_name = username
    elif not User.objects.filter(username__exact=uname).exists():
        final_name = uname
    else:
        final_name = email
    if flag == 2:  # 如果标记位是2,那么将为他创建新用户
        user = User.objects.create_user(
            username=final_name,
            email=email,
            password=settings.INIT_PASSWORD,
            is_active=False,
            is_staff=False
        )
    if flag == 1:  # 如果标记位是1,那么为他绑定老用户
        try:
            user = User.objects.get(email=email)
        except User.DoesNotExist:
            return json_response(*UserError.UserNotFound)
    pvalues = {
        'phone': phone,
        'name': final_name,
        'user_src': Profile.COMPANY_USER,
    }
    # 获取或创建用户信息
    profile, _ = Profile.objects.select_for_update().get_or_create(email=email)
    for k, v in pvalues.items():
        setattr(profile, k, v)
    profile.save()
    bizvalues = {
        'company_name': name,
        'company_username': username,
        'company_phone': phone,
        'company_type': ctype,
```

```
}
# 获取或创建机构账户信息
biz, _ = BusinessAccountInfo.objects.select_for_update().get_or_create(
    email=email,
    defaults=bizvalues
)
return json_response(200, 'OK', {  # 响应JSON格式数据,这个标记位在发送验证邮件时还有用
    'name': final_name,
    'email': email,
    'flag': flag
})
```

表单提交后,如果是新创建的用户,则验证用户的邮件,这个步骤和之前相同,所以不再赘述。整个过程完成,如果用户注册成为机构用户,那么他可以在快速出题的导航页中录制题库,并且生成一个考试。登录账户会根据注册渠道的不同,标记为普通用户和机构账户用户这 2 种类型。机构注册页面效果如图 8-15 所示。

图 8-15 机构注册页面效果

8.7 核心答题功能的设计

8.7.1 答题首页设计

答题首页显示考试的分类,考试可划分为 6 个类别和 1 个热门考试。对应的参数及说明如下。

答题首页设计

- hot:代表所有热门考试前十位。
- tech:代表技术类热门考试前十位。
- culture:代表文化类考试前十位。
- edu:代表教育类考试前十位。
- sport:代表体育类考试前十位。
- general:代表常识类考试前十位。
- interview:代表面试类考试前十位。

答题模块是本项目的核心部分,答题模块的流程图如图 8-16 所示。

首页运行效果如图 8-17 所示。

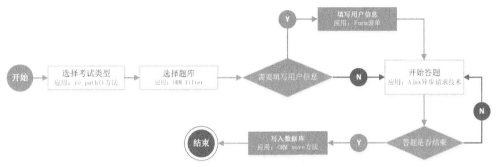

图 8-16 答题模块流程图

☐ 考试分类

图 8-17 考试分类

当单击某一个类别后，将进入该类别下的考试列表。其对应的路由代码如下。

```
re_path('games/s/(\w+)', cop_render.games, name='query_games'),
```

这里使用 re_path() 函数来进行正则匹配，若选择单击"热门考试"，则进入如下 URL。

```
/bs/games/s/hot
```

通过以上方式，就可以根据 URL 中最后一个参数的值来判断用户选择的是哪一类考试。下面介绍如何获取对应分类的数据信息。代码如下。

```
<代码位置：Code\Exam\competition\cop_render.py>
def games(request, s):
    """
    获取所有考试接口
    :param request: 请求对象
    :param s: 请求关键字
    :return: 返回该请求关键字对应的所有考试类别
    """

    if s == 'hot':
        # 筛选条件：完成时间大于当前时间;根据参与人数降序排序;根据创建时间降序排序;筛选10个
        kinds = CompetitionKindInfo.objects.filter(
            cop_finishat__gt=datetime.datetime.now(tz=datetime.timezone.utc),
        ).order_by('-total_partin_num').order_by('-created_at')[:10]

    elif s == 'tech':  # 获取所有技术类考试
        kinds = CompetitionKindInfo.objects.filter(
            kind_type=CompetitionKindInfo.IT_ISSUE,
```

```python
            cop_finishat__gt=datetime.datetime.now(tz=datetime.timezone.utc)
        ).order_by('-total_partin_num').order_by('-created_at')
    elif s == 'edu':  # 获取所有教育类考试
        kinds = CompetitionKindInfo.objects.filter(
            kind_type=CompetitionKindInfo.EDUCATION,
            cop_finishat__gt=datetime.datetime.now(tz=datetime.timezone.utc)
        ).order_by('-total_partin_num').order_by('-created_at')
    elif s == 'culture':  # 获取所有文化类考试
        kinds = CompetitionKindInfo.objects.filter(
            kind_type=CompetitionKindInfo.CULTURE,
            cop_finishat__gt=datetime.datetime.now(tz=datetime.timezone.utc)
        ).order_by('-total_partin_num').order_by('-created_at')
    elif s == 'sport':  # 获取所有体育类考试
        kinds = CompetitionKindInfo.objects.filter(
            kind_type=CompetitionKindInfo.SPORT,
            cop_finishat__gt=datetime.datetime.now(tz=datetime.timezone.utc)
        ).order_by('-total_partin_num').order_by('-created_at')
    elif s == 'general':  # 获取所有常识类考试
        kinds = CompetitionKindInfo.objects.filter(
            kind_type=CompetitionKindInfo.GENERAL,
            cop_finishat__gt=datetime.datetime.now(tz=datetime.timezone.utc)
        ).order_by('-total_partin_num').order_by('-created_at')
    elif s == 'interview':  # 获取所有面试类考试
        kinds = CompetitionKindInfo.objects.filter(
            kind_type=CompetitionKindInfo.INTERVIEW,
            cop_finishat__gt=datetime.datetime.now(tz=datetime.timezone.utc)
        ).order_by('-total_partin_num').order_by('-created_at')
    else:
        kinds = None
    return render(request, 'competition/games.html', {
        'kinds': kinds,
    })
```

在上述代码中，根据参数 s 的值来获取对应的考试数据信息。运行结果如图 8-18 所示。

图 8-18 考试列表

8.7.2 考试详情页面

考试详情页面用来展示考试的信息，包括考试名称、出题机构、考试题目数量和题库大小等信息，其效果如图 8-19 所示。

考试详情页面

图 8-19　考试详情页面

在 competition 应用下面添加一个 cop_render.py 文件，用来存放考试页面的视图渲染函数，代码如下。

```
<代码位置：Code\Exam\competition\cop_render.py>
def home(request):
    """
    考试首页视图
    :param request: 请求对象
    :return: 渲染视图: user_info: 用户信息; kind_info: 考试信息;is_show_userinfo: 是否展示用户信息表单;user_info_has_entered: 是否已经录入表单;
            userinfo_fields: 表单字段;option_fields: 表单字段中呈现为下拉框的字段;
    """
    uid = request.GET.get('uid', '')  # 获取uid
    kind_id = request.GET.get('kind_id', '')  # 获取kind_id
    created = request.GET.get('created', '0')  # 获取标志位，以后会用到
    try:  # 获取考试数据
        kind_info = CompetitionKindInfo.objects.get(kind_id=kind_id)
    except CompetitionKindInfo.DoesNotExist:  # 未获取到，渲染错误视图
        return render(request, 'err.html', CompetitionNotFound)
    try:  # 获取题库数据
        bank_info = BankInfo.objects.get(bank_id=kind_info.bank_id)
    except BankInfo.DoesNotExist:  # 未获取到，渲染错误视图
        return render(request, 'err.html', BankInfoNotFound)
    try:  # 获取用户数据
        profile = Profile.objects.get(uid=uid)
    except Profile.DoesNotExist:  # 未获取到，渲染错误视图
        return render(request, 'err.html', ProfileNotFound)
    if kind_info.question_num > bank_info.total_question_num:  # 考试出题数量是否小于题库总大小
        return render(request, 'err.html', QuestionNotSufficient)
```

```python
        show_info = get_pageconfig(kind_info.app_id).get('show_info', {})  # 从redis获取页面配
#置信息
        # 页面配置信息,用来控制答题前是否展示一张表单
        is_show_userinfo = show_info.get('is_show_userinfo', False)
        form_fields = collections.OrderedDict()  # 生成一个有序的用来保存表单字段的字典
        form_regexes = []    # 生成一个空的正则表达式列表
        if is_show_userinfo:
            # 从页面配置中获取userinfo_fields
            userinfo_fields = show_info.get('userinfo_fields', '').split('#')
            for i in userinfo_fields:   # 将页面配置的每个正则表达式取出来放入正则表达式列表
                form_regexes.append(get_form_regex(i))
            userinfo_field_names = show_info.get('userinfo_field_names', '').split('#')
            for i in range(len(userinfo_fields)):   # 将每个表单字段信息保存到有序的表单字段字典中
                form_fields.update({userinfo_fields[i]: userinfo_field_names[i]})
        return render(request, 'competition/index.html', {   # 渲染页面
            'user_info': profile.data,
            'kind_info': kind_info.data,
            'bank_info': bank_info.data,
            'is_show_userinfo': 'true' if is_show_userinfo else 'false',
            'userinfo_has_enterd': 'true' if get_enter_userinfo(kind_id, uid) else 'false',
            'userinfo_fields': json.dumps(form_fields) if form_fields else '{}',
            'option_fields': json.dumps(show_info.get('option_fields', '')),
            'field_regexes': form_regexes,
            'created': created
        })
```

详情页除了返回考试的信息外,还需要返回页面的配置信息。在本项目中,在 business App 的数据模型中创建一个 AppConfigInfo,关联每个 BusinessAppInfo 的 app_id,用来指定每个 AppInfo 在页面中的不同配置,以便让整个页面多样化、可定制化。这里指定了一个配置,如果机构用户开启了此功能,那么每个答题用户需要在参与考试之前填写一个表单,如图 8-20 所示。

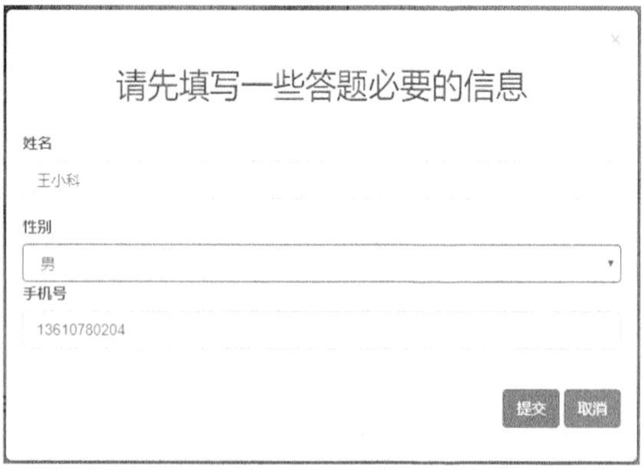

图 8-20 答题之前需要填写的表单

图 8-20 所示的表单主要用于收集答题用户的信息,以便日后联系该用户。在 business.models 模块中,添加一个名称为 AppConfigInfo 的模型类,代码如下。

```
<代码位置>: Code\Exam\business\models.py>
class AppConfigInfo(CreateUpdateMixin):
    """ 应用配置信息类 """
```

```python
    app_id = models.CharField(_(u'应用id'), max_length=32, help_text=u'应用唯一标识', db_index=True)
    app_name = models.CharField(_(u'应用名'), max_length=40, blank=True, null=True, help_text=u'应用名')
    # 文案配置
    rule_text = models.TextField(_(u'考试规则'), max_length=255, blank=True, null=True, help_text=u'考试规则')

    # 显示信息
    is_show_userinfo = models.BooleanField(_(u'展示用户表单'), default=False, help_text=u'是否展示用户信息表单')
    userinfo_fields = models.CharField(_(u'用户表单字段'), max_length=128, blank=True, null=True, help_text=u'需要用户填写的字段用#隔开')
    userinfo_field_names = models.CharField(_('用户表单label'), max_length=128, blank=True, null=True, help_text=u'用户需要填写的表单字段label名称')
    option_fields = models.CharField(_(u'下拉框字段'), max_length=128, blank=True, null=True, help_text=u'下拉框字段选项配置,用#号隔开,每个字段由:和,组成。如option1:吃饭,喝水,睡觉#option2:上班,学习,看电影')

    class Meta:
        verbose_name = _(u'应用配置信息')
        verbose_name_plural = _(u'应用配置信息')

    def __unicode__(self):
        return str(self.pk)

    # 页面配置数据
    @property
    def show_info(self):
        return {
            'is_show_userinfo': self.is_show_userinfo,
            'userinfo_fields': self.userinfo_fields,
            'userinfo_field_names': self.userinfo_field_names,
            'option_fields': self.option_fields,
        }

    @property
    def text_info(self):
        return {
            'rule_text': self.rule_text,
        }

    @property
    def data(self):
        return {
            'show_info': self.show_info,
            'text_info': self.text_info,
            'app_id': self.app_id,
            'app_name': self.app_name
        }
```

上面的模型类指定了页面需要进行的一些配置，其中，is_show_userinfo 字段用来控制展示和隐藏。具体展示成什么样，这里将该功能做成了一个动态的表单，在 userinfo_fields 字段中，保存一个字符串的值，格式如下。

```
name#sex#age#phone    # 以#隔开的一个纯文本值，每一段的值代表了表单中的一个字段
```

通过上面的字符串值，用户想要在表单中展示更多字段时，只需修改该值即可。

另外，表单中的 label 标签在 user_info_fieldnames 字段中给出；如果想展示成下拉框的情形，只需要在 option_fields 字段中输入类似下面的值即可。

```
sex:男#女,graduated_from:QingHuaDaXue,BeijingDaXue
```

在上面代码中，每个逗号代表一个配置项，冒号用来分隔字段名和可选值，这里的 sex 是字段名，可选的值是"男"和"女"两个值。

8.7.3 实现答题功能

单击"开始挑战"按钮时，代表已经确认过考试信息，可以开始答题了，答题页面效果如图 8-21 所示。

实现答题功能

图 8-21 答题页面效果

因此添加如下 URL 路由。

```
path('game', cop_render.game, name='game'),
```

上面的路由用到了 game 视图函数，该函数用来获取考试、题库和用户相关的信息，其详细代码如下。

```
<代码位置: Code\Exam\competition\cop_render.py>
@check_login
@check_copstatus
def game(request):
    """
    返回考试题目信息的视图
    :param request: 请求对象
    :return: 渲染视图: user_info: 用户信息;kind_id: 考试唯一标识;kind_name: 考试名称;
    cop_finishat: 考试结束时间;rule_text: 考试规则;
    """
    uid = request.GET.get('uid', '')   # 获取uid
```

```python
    kind_id = request.GET.get('kind_id', '')  # 获取kind_id
    try:  # 获取考试信息
        kind_info = CompetitionKindInfo.objects.get(kind_id=kind_id)
    except CompetitionKindInfo.DoesNotExist:  # 未获取到,渲染错误视图
        return render(request, 'err.html', CompetitionNotFound)
    try:  # 获取题库信息
        bank_info = BankInfo.objects.get(bank_id=kind_info.bank_id)
    except BankInfo.DoesNotExist:  # 未获取到,渲染错误视图
        return render(request, 'err.html', BankInfoNotFound)
    try:  # 获取用户信息
        profile = Profile.objects.get(uid=uid)
    except Profile.DoesNotExist:  # 未获取到,渲染错误视图
        return render(request, 'err.html', ProfileNotFound)
    if kind_info.question_num > bank_info.total_question_num:  # 检查题库大小
        return render(request, 'err.html', QuestionNotSufficient)
    pageconfig = get_pageconfig(kind_info.app_id)  # 获取页面配置信息
    return render(request, 'competition/game.html', {  # 渲染视图信息
        'user_info': profile.data,
        'kind_id': kind_info.kind_id,
        'kind_name': kind_info.kind_name,
        'cop_finishat': kind_info.cop_finishat,
        'period_time': kind_info.period_time,
        'rule_text': pageconfig.get('text_info', {}).get('rule_text', '')
    })
```

当考试页面加载时,只是获取了基本数据,对于题目信息,需要使用 Ajax 异步请求的方式获取,代码如下。

```javascript
<代码位置: Code\Exam\web\templates\competition\game.html>
var currentPage = 1;
var hasPrevious = false;
var hasNext = false;
var questionNum = 0;
var response;
var answerDict;
  $(document).ready(function () {
    if({{ period_time|safe }}) { # 开始计时
        startTimer1();
    }
    $('#loadingModal').modal('show'); # 显示弹窗
    uid = '{{ user_info.uid|safe }}'; # 获取用户id
    kind_id = '{{ kind_id|safe }}';    # 获取类型id
    # Ajax 异步请求
    $.ajax({
        url: '/api/questions', # 请求URL
        type: 'get', # 请求类型
        data: { # 请求数据
           'uid': uid,
           'kind_id': kind_id
        },
        dataType: 'json', # 返回数据类型
        success: function (res) { # 回调函数
```

```javascript
        response = res;  # 接收返回数据
        questionNum = res.data.kind_info.question_num;  # 获取题号
        answerDict = new Array(questionNum);  # 获取问题数组
          # 遍历问题数组
        for(var i=0; i < questionNum; i++){
            if(response.data.questions[i].qtype === 'choice') {
                answerDict['c_' + response.data.questions[i].pk] = '';
            }else{
                answerDict['f_' + response.data.questions[i].pk] = '';
            }
        }
         # 选择题
        if(res.data.questions[0].qtype === 'choice') {
            $('#question').html(res.data.questions[0].question);  // currentPage - 1
            $('#item1').html(res.data.questions[0].items[0]);
            $('#item2').html(res.data.questions[0].items[1]);
            $('#item3').html(res.data.questions[0].items[2]);
            $('#item4').html(res.data.questions[0].items[3]);
            $('#itemPk').html('c_' + res.data.questions[0].pk);
            hasNext = (currentPage < questionNum);
            $('#fullinBox').hide();
        } else{
            # 填空题
            $('#question').html(res.data.questions[0].question.replace('##',
                        '_____'));
            $('#answerPk').val('f_' + res.data.questions[0].pk);
            hasNext = (currentPage < questionNum);
            $('#choiceBox').hide();
        }
        $('#loadingModal').modal('hide');  # 隐藏弹窗
    }
}));
```

由于需要从题库中随机抽取指定数目的题目,所以在/api/questions 目录中的 competition app 下添加一个接口视图 game_views.py,视图代码如下。

<代码位置: Code\Exam\competition\game_views.py >

```python
@check_login
@check_copstatus
@transaction.atomic
def get_questions(request):
    """
    获取题目信息接口
    :param request: 请求对象
    :return: 返回json数据。user_info: 用户信息;kind_info: 考试信息;qa_id: 考试答题记录;
    questions: 考试随机后的题目;
    """
    kind_id = request.GET.get('kind_id', '')  # 获取kind_id
    uid = request.GET.get('uid', '')  # 获取uid
    try:  # 获取考试信息
        kind_info = CompetitionKindInfo.objects.select_for_update().get(kind_id=kind_id)
    except CompetitionKindInfo.DoesNotExist:  # 未获取到,返回错误码100001
```

```python
        return json_response(*CompetitionError.CompetitionNotFound)
    try:  # 获取题库信息
        bank_info = BankInfo.objects.get(bank_id=kind_info.bank_id)
    except BankInfo.DoesNotExist:  # 未获取到，返回错误码100004
        return json_response(*CompetitionError.BankInfoNotFound)
    try:  # 获取用户信息
        profile = Profile.objects.get(uid=uid)
    except Profile.DoesNotExist:  # 未获取到，返回错误码200001
        return json_response(*ProfileError.ProfileNotFound)
    qc = ChoiceInfo.objects.filter(bank_id=kind_info.bank_id)  # 选择题
    qf = FillInBlankInfo.objects.filter(bank_id=kind_info.bank_id)  # 填空题
    questions = []  # 将两种题型放到同一个列表中
    for i in qc.iterator():
        questions.append(i.data)
    for i in qf.iterator():
        questions.append(i.data)
    question_num = kind_info.question_num  # 出题数
    q_count = bank_info.total_question_num  # 总题数
    if q_count < question_num:  # 出题数大于总题数，返回错误码100005
        return json_response(CompetitionError.QuestionNotSufficient)
    qs = random.sample(questions, question_num)  # 随机分配题目
    qa_info = CompetitionQAInfo.objects.select_for_update().create(  # 创建答题log数据
        kind_id=kind_id,
        uid=uid,
        qsrecord=[q['question'] for q in qs],
        asrecord=[q['answer'] for q in qs],
        total_num=question_num,
        started_stamp=tc.utc_timestamp(ms=True, milli=True),  # 设置开始时间戳
        started=True
    )
    for i in qs:  # 剔除答案信息
        i.pop('answer')
    return json_response(200, 'OK', {  # 返回JSON数据，包括题目信息、答题log信息等
        'kind_info': kind_info.data,
        'user_info': profile.data,
        'qa_id': qa_info.qa_id,
        'questions': qs
    })
```

上面的 api 视图需要在 api 模块下的 urls.py 中配置路由，代码如下。

```python
url(r'^questions$', game_views.get_questions, name='get_questions'),
```

这个接口主要用于生成考试数据，考试数据是从题库中随机抽取指定数目的题目，每次调用接口，都会返回不同的结果。每次调用接口都会生成一个答题日志，对于没有答题就刷新了页面的用户，日志不会丢失，而是被标记为未完成。

注意答题是有时间限制的，该限制时间在 CompetitionKindInfo 数据模型中的 period_time 字段中配置。如果用户答题超过了这个时间，则答题日志会被标记为已超时，并且会存在答题数据，用于以后分析数据，但是不会参与到排行榜中，这在答题中会有相应的提示。

答题数据统一返回到页面中，每个页面只显示一道题目，并且需要记住用户上一道题和下一道题的答题情况和顺序。这些需要在前台实现，可以参考资源包中的源代码。

8.7.4 提交答案

答题完成后,需要判断答题剩余时间,如果剩余时间为 0,或者已经超时,则把答题的日志保存为超时,并且答题成绩不能加入排行榜;而如果剩余时间还很充足,用户的成绩要加入排行榜,并将答题日志标记为已完成,用来区别未完成的答题记录。提交答案显示成绩单页面效果如图 8-22 所示。

提交答案

图 8-22 提交答案显示成绩单页面

在答题过程中,前端需要记录用户的答题数据和顺序,并生成指定的数据形式,以便提交到后台进行答案匹配。提交答案的实现代码如下。

```
<代码位置: Code\Exam\web\templates\competition\game.html>
$('#answerSubmit').click(function () {    # 单击"提交答案"按钮
    if(window.confirm("确认提交答案吗?")) {    # 弹出确认框
        if({{ period_time|safe }}) { # 正常结束
            stopTimer1(); # 停止计时
        }
        var answer = "";
        # 组织答案
        for (var key in answerDict) {
            if (!answer) {
                answer = String(key) + "," + answerDict[key] + "#";
            }else{
                answer += String(key) + "," + answerDict[key] + "#";
            }
        }
        # Ajax异步请求
        $.ajax({
            url: '/api/answer',    # 请求URL
            type: 'post',    # 请求类型
            data: {    # 请求数据
                'qa_id': response.data.qa_id,
                'uid': response.data.user_info.uid,
                'kind_id': kind_id,
                'answer': answer
            },
            dataType: 'json',    # 返回数据类型
```

```javascript
            success: function (res) {  # 回调函数
                if(res.status === 200) {  # 请求成功，页面跳转
                    window.location.href = "/bs/result?uid=" + res.data.user_info.uid +
                        "&kind_id=" + res.data.kind_id + "&qa_id=" + res.data.qa_id;
                }else{
                    alert('提交失败');
                }
            }
        })
    }else {}
})
});
```

/api/answer 接口对应的路由要在 api 模块的 urls.py 中填写，代码如下。

```python
url(r'^answer$', game_views.submit_answer, name='submit_answer'),
```

上面用到了 submit_answer 视图函数，该视图函数需要添加到 game_views.py 文件中，实现代码如下。

<代码位置: Code\Exam\competition\game_views.py >

```python
@csrf_exempt
@check_login
@check_copstatus
@transaction.atomic
def submit_answer(request):
    """
    提交答案接口
    :param request: 请求对象
    :return: 返回json数据: user_info: 用户信息; qa_id: 考试答题记录标识; kind_id: 考试唯一标识
    """
    stop_stamp = tc.utc_timestamp(ms=True, milli=True)  # 结束时间戳
    qa_id = request.POST.get('qa_id', '')  # 获取qa_id
    uid = request.POST.get('uid', '')  # 获取uid
    kind_id = request.POST.get('kind_id', '')  # 获取kind_id
    answer = request.POST.get('answer', '')  # 获取answer
    try:  # 获取考试信息
        kind_info = CompetitionKindInfo.objects.get(kind_id=kind_id)
    except CompetitionKindInfo.DoesNotExist:  # 未获取到，返回错误码100001
        return json_response(*CompetitionError.CompetitionNotFound)
    try:  # 获取题库信息
        bank_info = BankInfo.objects.get(bank_id=kind_info.bank_id)
    except BankInfo.DoesNotExist:  # 未获取到，返回错误码100004
        return json_response(*CompetitionError.BankInfoNotFound)
    try:  # 获取用户信息
        profile = Profile.objects.get(uid=uid)
    except Profile.DoesNotExist:  # 未获取到，返回错误码200001
        return json_response(*ProfileError.ProfileNotFound)
    try:  # 获取答题log信息
        qa_info = CompetitionQAInfo.objects.select_for_update().get(qa_id=qa_id)
    except CompetitionQAInfo.DoesNotExist:  # 未获取到，返回错误码100006
        return json_response(*CompetitionError.QuestionNotFound)

    answer = answer.rstrip('#').split('#')  # 处理答案数据
    total, correct, wrong = check_correct_num(answer)  # 检查答题情况
    qa_info.aslogrecord = answer
```

```
    qa_info.finished_stamp = stop_stamp
    qa_info.expend_time = stop_stamp - qa_info.started_stamp
    qa_info.finished = True
    qa_info.correct_num = correct if total == qa_info.total_num else 0
    qa_info.incorrect_num = wrong if total == qa_info.total_num else qa_info.total_num
    qa_info.save()  # 保存答题log
    if qa_info.correct_num == kind_info.question_num:  # 得分处理
        score = kind_info.total_score
    elif not qa_info.correct_num:
        score = 0
    else:
        score = round((kind_info.total_score / kind_info.question_num) * correct, 3)
    qa_info.score = score  # 继续保存答题log
    qa_info.save()
    kind_info.total_partin_num += 1  # 保存考试数据
    kind_info.save()  # 考试答题次数
    bank_info.partin_num += 1
    bank_info.save()  # 题库答题次数
    if (kind_info.period_time > 0) and (qa_info.expend_time > kind_info.period_time * 60 * 1000):
    # 超时，不加入排行榜
        qa_info.status = CompetitionQAInfo.OVERTIME
        qa_info.save()
    else:  # 正常完成，加入排行榜
        add_to_rank(uid, kind_id, qa_info.score, qa_info.expend_time)
        qa_info.status = CompetitionQAInfo.COMPLETED
        qa_info.save()
    return json_response(200, 'OK', {  # 返回JSON数据
        'qa_id': qa_id,
        'user_info': profile.data,
        'kind_id': kind_id,
    })
```

8.7.5 批量录入题库

批量录入题库

录入题库功能的实现方法是，在页面中为用户提供一个 Excel 模板，用户按照对应的模板格式来编写题库信息，编写完成后，在页面中选择带有题库的 Excel 文件，单击“开始录制”按钮，录入题库。题库 Excel 模板如图 8-23 所示。题库的录入界面如图 8-24 所示。

	问题	答案	选项一	选项二	选项三	选项四	问题图片链接	问题音频链接	问题来源
2	商女不知亡国恨下一句是？	隔江犹唱后庭花	隔江犹唱后庭花	铁马冰河入梦来	一弦一柱思华年	江枫渔火对愁眠			
3	补全诗句：到现在，乡愁是一湾##，我在这头，大陆在那头。	浅浅的海峡							
4	君住长江南，我住长江北，##，共饮长江水	日日思君不见君							
5	龙舟是为了纪念哪位文化名人的？	屈原	陈独秀	李白	纳兰性德	屈原			
6	元宵又称为上元节，那么下元节是几月几号？	十月十五	六月十五	十二月十五	十月十五	七月十五			
7	北京是在哪个朝代建都的？	元朝	清朝	明朝	汉朝	元朝			
8	李白的《渡荆门送别》一诗中，写出诗人渡过荆门进入楚地看到江水冲出山峦向着原野奔腾而去的壮阔景色的诗句是：##，江入大荒流	山随平野尽							
9	不识##真面目，只缘身在此山中	庐山							
10	有情##含春泪，无力蔷薇卧晚枝。	芍药							
11	人闲##落，夜静春山空。	桂花							
12	采##东篱下，悠然见南山。	菊							
13	唐宋散文八大家不包括以下哪一位人物？	李白	苏轼	苏辙	李白	王安石			
14	清明上河图的作者是哪一个朝代的人？	北宋	南宋	北宋	晚唐	元朝			
15	天子呼来不上船，自称臣是酒中仙。说的是哪一位人物？	李白	杜甫	王之涣	李白	贾岛			
16									

说明：请按照表格对应的行和列填写题目。

对于题型为选择题的问题，题目填写到第一列，答案填写到第二列，四个选项分别填写到第三到第六列。如果题目中有图片需要展示，请在第七列填写图片的链接，如果题目中存在音频，请在第八列填写音频链接。

对于题型为填空题的问题，题目填写到第一列，答案填写到第二列。
注意：问题中需要补全答案的位置，不论要补全的字数有多少，都用两个井号代替 ##，如：慈母手中线，##身上衣。另外，填空题不存在选项，所以第三列到第六列不用填写。

图 8-23　题库 Excel 模板

图 8-24 题库录入界面

综上所述，录入题库主要分为以下 5 个步骤。

（1）用户下载模板文件。
（2）根据自己的题库需求修改 Excel 模板文件。
（3）输入题库名称并选择题库类型。
（4）上传文件。
（5）提交到数据库。

下面详细讲解录入题库功能的实现过程。首先在前端给配置题库添加一个导航页，在 competition app 下的 urls.py 中添加下面几条路由。

```python
# 配置考试url
urlpatterns += [
    path('set', set_render.index, name='set_index'),
    path('set/bank', set_render.set_bank, name='set_bank'),
    path('set/bank/tdownload', set_render.template_download, name='template_download'),
    path('set/bank/upbank', set_render.upload_bank, name='upload_bank'),
    path('set/game', set_render.set_game, name='set_game'),
]
```

在 competition 应用下添加一个 render 视图模块 set_render.py，并在其中添加 index 函数，用来渲染视图和用户信息数据，代码如下。

```python
# <代码位置：Code\Exam\competition\set_render.py >
@check_login
def index(request):
    """
    题库和考试导航页
    :param request: 请求对象
    :return: 渲染视图和user_info用户信息数据
    """

    uid = request.GET.get('uid', '')

    try:
        profile = Profile.objects.get(uid=uid)
    except Profile.DoesNotExist:
        return render(request, 'err.html', ProfileNotFound)

    return render(request, 'setgames/index.html', {'user_info': profile.data})
```

导航页使用了 Bootstrap 框架的巨幕 jumbotron。用户单击"录制题库"时,页面跳转到 urls.py 中的第二条路由,对应的视图代码如下。

<代码位置: Code\Exam\competition\set_render.py >

```python
@check_login
def set_bank(request):
    """
    配置题库页面
    :param request: 请求对象
    :return: 渲染页面返回user_info用户信息数据和bank_types题库类型数据
    """
    uid = request.GET.get('uid', '')
    try:
        profile = Profile.objects.get(uid=uid)   # 检查账户信息
    except Profile.DoesNotExist:
        return render(request, 'err.html', ProfileNotFound)
    bank_types = []
    for i, j in BankInfo.BANK_TYPES:   # 返回所有题库类型
        bank_types.append({'id': i, 'name': j})
    return render(request, 'setgames/bank.html', {   # 渲染模板
        'user_info': profile.data,
        'bank_types': bank_types
    })
```

对应的 HTML 模板放置在 web/setgames/bank.html 中,关键代码如下。

<代码位置: Code\Exam\web\templates\web\ setgames\bank.html>

```html
<form id="uploadFileForm" method="post" action="/bs/set/bank/upbank"
      enctype="multipart/form-data">{% csrf_token %}
<div id="uploadMainRow" class="row" style="margin-top: 120px;">
    <div class="col-md-3">
        <label>① 下载题库</label>
        <p style="color: gray;margin-top: 5px;">
         <a id="tDownload" href="/bs/set/bank/tdownload?uid={{ user_info.uid }}">下载</a>
         我们的简易模板,按照模板中的要求修改题库。
        </p>
    </div>
    <div class="col-md-3">
        <div class="form-group">
            <label for="bankName">② 题库名称</label>
            <input id="bankName" name="bank_name" type="text" class="form-control"
                   placeholder="请输入题库名称" />
        </div>
    </div>
    <div class="col-md-3">
        <label for="choicedValue">③ 题库类型</label>
        <div class="dropdown">
            <input type="button" id="choicedValue" data-toggle="dropdown" name="bank_type"
                   value="选择一个题库类型" />
            <div class="dropdown-menu">
                {% for t in bank_types %}
                    <div onclick="choiceBankType(this)">{{ t.name }}</div>
                {% endfor %}
```

```html
                </div>
            </div>
        </div>
        <div class="col-md-3">
            <div class="row" style="margin-left:-1px;">
                <label for="uploadFile">④ 上传文件</label>
                <input class="form-control" name="template" type="file" id="uploadFile">
            </div>
        </div>
    </div>
    <input type="hidden" name="uid" value="{{ user_info.uid }}" />
</div>
<div class="row" style="margin-top:35px;">
    <input type="submit" id="startUpload" class="btn btn-danger" value="开始录制">
</div>
</form>
<script type="text/javascript">
    var choicedBankType;
    var responseTypes = {{ bank_types|safe }};
    var choiceBankType = function (t) {
        var cbt = $(t).html();
        for(var i in responseTypes){
            if(responseTypes[i].name === cbt){
                choicedBankType = responseTypes[i].id;
                break;
            }
        }
        $('#choicedValue').val(cbt);
    }
</script>
```

在开始录入题库之前，用户需要先单击下载 Excel 模板文件进行编辑后才能提交。下载的 URL 路由在 urls.py 中的第三条，对应的视图函数代码如下。

<代码位置：Code\Exam\competition\set_render.py >

```python
@check_login
def template_download(request):
    """
    题库模板下载
    :param request: 请求对象
    :return: 返回Excel文件的数据流
    """
    uid = request.GET.get('uid', '')  # 获取uid
    try:
        Profile.objects.get(uid=uid)  # 用户信息
    except Profile.DoesNotExist:
        return render(request, 'err.html', ProfileNotFound)
    def iterator(file_name, chunk_size=512):  # chunk_size大小为512KB
        with open(file_name, 'rb') as f:  # rb, 以字节读取
            while True:
                c = f.read(chunk_size)
                if c:
```

```python
                yield c          # 使用yield返回数据, 直到所有数据返回完毕才退出
            else:
                break
    template_path = 'web/static/template/template.xlsx'
    file_path = os.path.join(settings.BASE_DIR, template_path)
    # 希望保留题库文件到一个单独目录
    if not os.path.exists(file_path):        # 路径不存在
        return render(request, 'err.html', TemplateNotFound)
    # 将文件以流式响应返回到客户端
    response = StreamingHttpResponse(iterator(file_path), content_type='application/vnd.ms-excel')
    response['Content-Disposition'] = 'attachment; filename=template.xlsx'
    # 格式为xlsx
    return response
```

用户单击"开始录制"按钮时,数据以 POST 方式提交到后台,该视图函数对应的 URL 在 urls.py 中的第四行,视图函数代码如下。

<代码位置:Code\Exam\competition\set_render.py >

```python
@check_login
@transaction.atomic
def upload_bank(request):
    """
    上传题库
    :param request:请求对象
    :return: 返回用户信息user_info和上传成功的个数
    """
    uid = request.POST.get('uid', '')          # 获取uid
    bank_name = request.POST.get('bank_name', '')    # 获取题库名称
    bank_type = int(request.POST.get('bank_type', BankInfo.IT_ISSUE))    # 获取题库类型
    template = request.FILES.get('template', None)    # 获取模板文件
    if not template:    # 模板不存在
        return render(request, 'err.html', FileNotFound)
    if template.name.split('.')[-1] not in ['xls', 'xlsx']:    # 模板格式为xls或者xlsx
        return render(request, 'err.html', FileTypeError)
    try:    # 获取用户信息
        profile = Profile.objects.get(uid=uid)
    except Profile.DoesNotExist:
        return render(request, 'err.html', ProfileNotFound)

    bank_info = BankInfo.objects.select_for_update().create(    # 创建题库BankInfo
        uid=uid,
        bank_name=bank_name or '暂无',
        bank_type=bank_type
    )
    today_bank_repo = os.path.join(settings.BANK_REPO, get_today_string())
    # 保存文件目录以当天时间为准
    if not os.path.exists(today_bank_repo):
        os.mkdir(today_bank_repo)    # 不存在该目录则创建
    final_path = os.path.join(today_bank_repo, get_now_string(bank_info.bank_id)) + '.xlsx'
    # 生成文件名
    with open(final_path, 'wb+') as f:    # 保存到目录
```

```python
        f.write(template.read())
    choice_num, fillinblank_num = upload_questions(final_path, bank_info)
    # 使用xlrd读取Excel文件到数据库
    return render(request, 'setgames/bank.html', {  # 渲染视图
        'user_info': profile.data,
        'created': {
            'choice_num': choice_num,
            'fillinblank_num': fillinblank_num
        }
    })
```

上面的视图函数首先将返回的 Excel 题库模板保存到指定目录，以便后期使用，然后生成一个题库 BankInfo，并使用一个自定义的 Python 脚本将 Excel 题库文件中的数据逐一读取出来，保存到数据库中。

上面视图对应的函数文件放置在 utils 模块下面的 upload_questions.py 文件中，代码如下。

```python
# <代码位置：Code\Exam\utils\upload_questions.py >
import xlrd  # 导入xlrd库
from django.db import transaction  # 数据库事务
from competition.models import ChoiceInfo, FillInBlankInfo  # 题目数据模型

def check_vals(val):  # 检查值是否被转换成float,如果是,则将.0结尾去掉
    val = str(val)
    if val.endswith('.0'):
        val = val[:-2]
    return val
@transaction.atomic
def upload_questions(file_path=None, bank_info=None):
    book = xlrd.open_workbook(file_path)  # 读取文件
    table = book.sheets()[0]  # 获取第一张表
    nrows = table.nrows  # 获取行数
    choice_num = 0  # 选择题数量
    fillinblank_num = 0  # 填空题数量
    for i in range(1, nrows):
        rvalues = table.row_values(i)  # 获取行中的值
        if (not rvalues[0]) or rvalues[0].startswith('说明'):  # 取出多余行
            break
        if '##' in rvalues[0]:  # 选择题
            FillInBlankInfo.objects.select_for_update().create(
                bank_id=bank_info.bank_id,
                question=check_vals(rvalues[0]),
                answer=check_vals(rvalues[1]),
                image_url=rvalues[6],
                source=rvalues[7]
            )
            fillinblank_num += 1  # 填空题数加1
        else:  # 填空题
            ChoiceInfo.objects.select_for_update().create(
                bank_id=bank_info.bank_id,
                question=check_vals(rvalues[0]),
                answer=check_vals(rvalues[1]),
                item1=check_vals(rvalues[2]),
                item2=check_vals(rvalues[3]),
```

```
                    item3=check_vals(rvalues[4]),
                    item4=check_vals(rvalues[5]),
                    image_url=rvalues[6],
                    source=rvalues[7]
                )
                choice_num += 1   # 选择题数加1
    bank_info.choice_num = choice_num
    bank_info.fillinblank_num = fillinblank_num
    bank_info.save()
    return choice_num, fillinblank_num
```

录入题库过程也非常简单，只需使用 xlrd 读取文件中的每一行，判断第一列中的题目信息中是否包含##，如果包含，就代表该题目是填空题。在答题时，页面会将##解读为 4 条下画线（____），方便用户答题。

小 结

本章主要讲解如何使用 Django 框架实现智慧校园考试系统，包括网站的系统功能设计、业务流程设计、数据库设计以及主要的功能模块。希望通过本章的学习，读者能够将前面章节所学知识融会贯通，熟悉 Python 项目开发流程，并掌握 Django 开发 Web 技术，为今后的项目开发积累经验。有兴趣的读者可以阅读源码并对其进行修改完善。

习 题

8-1　如何使用 xlrd 读取 Excel 的一列数据？

8-2　如何将 Excel 中的数据写入 MySQL 数据库？